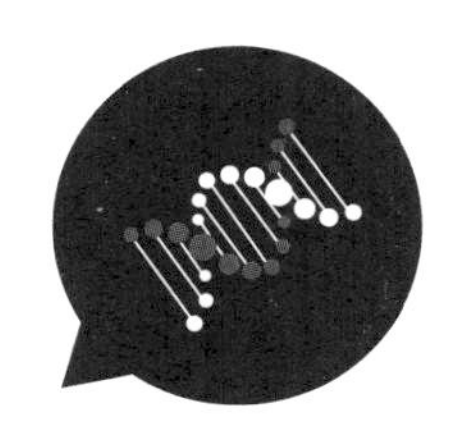

转基因的前世今生

权威专家全方位解读

方玄昌◎主编

北京日报出版社

图书在版编目（CIP）数据

转基因的前世今生：权威专家全方位解读 / 方玄昌主编. -- 北京：北京日报出版社，2019.12
ISBN 978-7-5477-3454-4

Ⅰ.①转… Ⅱ.①方… Ⅲ.①转基因技术－基本知识 Ⅳ.①Q785

中国版本图书馆CIP数据核字(2019)第176032号

副主编：蔡晶晶　孙滔

转基因的前世今生：权威专家全方位解读

出版发行：北京日报出版社
地　　址：北京市东城区东单三条8-16号东方广场东配楼四层
邮　　编：100005
电　　话：发行部：（010）65255876
　　　　　总编室：（010）65252135
印　　刷：河北宝昌佳彩印刷有限公司
经　　销：各地新华书店
版　　次：2019年12月第1版
　　　　　2019年12月第1次印刷
开　　本：889毫米×1194毫米　1/32
印　　张：8.75
字　　数：200千字
定　　价：42.00元

科普转基因比我们想象的还要艰难

文 | **方玄昌**

受农业农村部、中国农学会等机构的委托和邀请，最近两三年我在全国范围内做了30余场转基因科普讲座，受众覆盖了官员（包括主管农业的地方官员及主管地方科普工作的科协官员）、科学家（包括生物学领域的科学家）、新闻工作者和科普工作者、大中小学生及教师、社区百姓等各色人群。

这对我本人来说也是一次重新学习的过程。尤其是通过对现场听众的调查，我对中国转基因舆论环境的民众基础有了更深刻的了解。

依据经验和“常识”，我在这之前有如下两点心理预期：

第一，科学家群体，尤其是生命科学领域的学者，多数是能看清楚转基因争端中的是与非的；其他领域的科学家，即便之前对于这个话题不熟悉，在接收到基本信息之后也应该很容易给出正确判断，因为他们毕竟受过科学思维训练；

第二，近些年的高中生物学课本上已经有转基因（基因工程）方面的科学知识，并且是高考内容。既然弄清楚了转基因究竟是怎么一回事，往后但凡读过高中生物学的年轻一代，尤其是理工科大学生应该不会对转基因再有误解。

但调查结果显示，这两点都是缺乏证据的想当然。实际上，非生命科学领域的科学家群体对于转基因的认识水平，与普通大众相比并没有显著差别；相反，这个群体很可能是最难改变的，他们一旦对转基因（或者与自己专业无关的其他任何一项事物）形成偏见，很容易固执而自信地一错到底。

而中学里已经学习过转基因科学知识的大学生们，对于转基因的了解多数只是停留在试卷上，并没有真的“往心里去”。当问及转基因相关知识及他们的态度，多数学生一脸茫然。

从诸多迹象看，科普转基因恐怕比我们多数科普工作者想象的还要艰难得多——尽管之前我们对此已经有了充分估量。据我所知，包括农业农村部在内的职能部门，都期望在数年甚至更短时间内能够通过科普工作彻底扭转百姓对于转基因的认识状况。在我看来，这个愿望实现的可能性微乎其微。

针对某一领域的具体知识，科普的对象只能是小部分人，更多的公众不太可能，也没必要掌握任何一个领域的具体知识。科普工作对于社会很重要，但科普的主要目的是帮助受众掌握思考问题的正确方法，而不是让社会大众掌握一门具体的科学知识。具体到转基因科普，我们当然可以通过改变官员、媒体及一部分掌握话语权的意见领袖对于转基因的错误认识，消除社会恐慌，进而帮助推动转基因技术产业化。但从更宽广的视角看，这终究只能是科普的副产品。

这是我以基因农业网名义编辑出版的第二部书籍，选材来源于两年前由我统筹策划、中国农业电影电视中心负责录制的一个系列访谈节目——《基因的故事》（正文中会有提及）。这个系列访谈总共只有八期，但我自信，节目的策划案（及本书内容）涵盖了转基因科普可能会涉及的绝大部分问题。唯一没有展开的一个大话题是传播技巧，这值得专门再写一部书来讨论和分析。

与三年前出版的《转基因“真相”中的真相》相比，这本书话题意味更浓，所涉及的具体科学知识则相对会少一些。对于普通大众来说，这样以话题引领、专家对谈的表现方式可能更容易接受，阅读起来也会更轻松一些。

这本书讲的并不都是科学问题，还有对于转基因相关问题的价值判断，答案并不唯一。既然是“权威专家全方位解读”，选取的素材并不一定代表编者的价值取向，部分专家的意见我个人并不认同。另外，在编辑过程中，我要将对谈双方的口语化表述变成书面式表达，不可避免会有一些内容是对对谈内容的概括，与原话可能会有些微的出入，但相信不会存在断章与歪曲的情况。

在此要特别致谢节目主持人陆梅。作为央视农业频道的主力主持人，她的繁忙自不待言。这个系列访谈每期节目录制之前，她都要花时间认真阅读策划案，然后约时间专门听我当面梳理、分析每一个问题，了解其背景资料，并且厘清上下问题之间的逻辑关系。感谢她的耐心与认真。

我们的使命、成就与挫败

——历史车轮终将碾压愚昧逆流

文｜**方玄昌**

根据基因农业网成立五周年纪念活动上的讲话整理

五年前基因农业网创立的时候，我给这个平台设立了五项任务：第一，构设科学家发声的阵地；第二，搭建科学家和媒体人之间的桥梁；第三，传播关于农业生物技术，主要是转基因技术的科学知识，批驳关于转基因的谣言；第四，在前三项基础上推动具有自主知识产权的转基因技术的产业化；第五，完成前面这些目标后，基因农业网将调整方向，致力于打造中国农业生物技术和产业领域的信息交流平台。这个调整，我当年曾经说“以五年为期”。

但现在看来，五年后的今天，我们依然还没有到要调整的时候。我们先梳理一遍，看看这些任务的完成情况。

网站成立五年，发表的原创文章超过了五百篇，如果加上编译的内容，则多达上千篇。我们系统驳斥了关于转基因的各种谣言，并且借助于媒体同行将科学的声音传播出去。

基因农业网成立后，很短时间就与国内上百家媒体建立了联系，包括在京几乎所有中央级媒体，以及部分地方媒体。通过我们的介绍、勾连，科学家和媒体人之间建立起了一定的信任，可以比较正常地对话。与网站成立之前相比，今天的主流媒体已经极少出现妖魔化转基因的内容，转基因的舆论环境已经有了巨大的改观。我们很清楚，这是多方面因素共同作用的结果；但基因农业网在其中确实起到了部分关键的作用。

在创立基因农业网之前，甚至是在基因农业网创立之后很长一段时间，我都一直认为，中国的转基因舆论环境如此恶劣，是因为我们的科普工作做得太少、做得不够好。但2017年年初，我受美国政府邀请访问美国，23天的行程改变了我的看法。

在这23天中，我走访了美国农业部、美国科学院、联合国粮农组织等重要部门，也拜访了一些NGO（非政府组织），以及美国的农场主，包括小规模生产有机食品的作坊式小农场，还有有机食品的供应商，共走访了近40家机构，拜访的对象涵盖了各色人等，甚至包括波特兰那边以捕捞野生三文鱼为生的原住民。

整个过程让我意识到两点：第一，美国普通公众对于转基因的认识并不见得好于中国公众，他们多数不那么关心这个话题，少数反对者对转基因的误解与中国反对者并没有什么差别。

第二，中国科普工作者所做的工作，一点都不比美国同行差，也不比他们做得少。我带着学习的态度去跟他们交流，他们给了我许多建议，跟我介绍他们的经验；我发现，他们想过的方法我们也都想过了，他们做过的事情我们也都做过了；而我们想过、用过的许多途径和方法，他们却压根没有想到过。当然，我们是被迫的，是拜反转人士所赐，因为他们把中国变成了世界反转中心，迫使我们挖空心思去对抗谣言。美国科普工作者的优势在于，他们的主流媒体没有如同曾经的中国一样一窝蜂地去妖魔化转基因、集体充当谣言的传声筒；科学家始终拥有畅通的发声渠道。

在FDA（美国食品药品监督管理局）所属的一家研究机构，我跟一帮官员和科学家有一场深入交流。我跟他们剖析了转基因标识与消费者知情选择权之间的关系。我说，现阶段下如果对转基因做简单的强制性标识，那么就不是赋予消费者知情权，而是剥夺了公众的知情权。

当时他们诧异于我的这一观点，我于是做了解释：如果我们仅仅简单标识“本品含有转基因成分”之类的字样，对于百姓而言，就意味着向他们传达了一个错误的隐含信息：转基因食品在本质上有别于普通食品。所谓知情权，“情”就是真相，简单标识转基因实际上是用误导的方式掩盖了真相，这难道还不是剥夺了百姓的知情权？至于选择权，有效的选择必须建立在知情的基础之上，否则就是无意义的选择。我们显然不会认为那些搞传销的、搞诈骗的给了受骗者选择权，尽管“选择”确实是受骗者自己做出的。

在我梳理完这个逻辑之后，参与交流的科学家和官员们全都表示了认同。我又跟他们说，美国是世界注目的焦点，强制标识转基因将对其他国家产生影响，希望你们在具体实施方案上要多考虑其负面影响。如大家今天所看到的，2018年美国推出的转基因标识是一张笑脸，他们做了情绪上的平衡。这个标识方案肯定是各方面共同努力的结果，或许我的那番分析也起到了一定作用。不管怎样，基因农业网把科普工作做到了美国，我们的科普走进了FDA。

然而，我们在第四个目标，即推动中国具有自主知识产权的转基因技术产业化这个方面，却没有实质进展。尽管最近几年一直有风声传出，说是转基因玉米即将批准种植，但我们终究没有看到最后一步。与之相对应的，是社交媒体上依然充斥着各种谣言，老百姓依然更愿意相信谣言。

这多少给我们科普工作者带来了一些挫败感。最近有记者在采访转基因话题时遇到了一些意外的阻力：之前比较活跃的一些科学家不愿意再站出来说话了！他们认为，反正说什么也没用，何必再说。

我以前论证过，最好的科普方式就是产业化推进，让老百姓切身感受到转基因带来的好处；对科普工作最大的伤害就是产业化迟滞，它会不断加重百姓的担忧。产业化原地踏步带给科普工作的伤害还在其次，真正遭到致命伤害的是种业公司。据我所知，国内有许多高技术种业企业已经撑不住了，纷纷解散或压缩自己的研发团队。今天的种业研究基本上离不开转基因技术，这项技术尽管高效，但耗资巨大，看不到希望的种业企业解散研发团队实为无奈之举。

受到严重伤害的另一个群体无疑是科学家。假如中国的转基因技术是在正常轨道上发展，今天在座的专家中很可能就有不止一位院士。有相当一部分科学家的半辈子甚至一辈子都被这场反转运动给毁了。

产业化的迟疑还会带来更隐性的危害。由于转基因产业化迟迟不动，许多优秀的学生在选择研究方向时会避开转基因育种领域。这对我们在这个领域未来的竞争力会有深远的影响。

回顾基因农业网的过去五年，我们在一个不可思议的时代做了自己应该做的事。我们期望，我们的政府、我们的决策部门和决策者，也能有所担当，在这个时代做好他们应该做的事。

科普尚未成功，同行仍需努力。

目　录

前　言

科普转基因比我们想象的还要艰难

序

我们的使命、成就与挫败

第一章

转基因，朋友还是敌人

第四章
美国政府如何面对转基因

第五章
中国管理转基因“全世界最严”？

第六章
关于标识，你应该知情什么

第七章
转基因与环境保护

第八章
转基因的全球经贸格局

第一章

转基因，朋友还是敌人

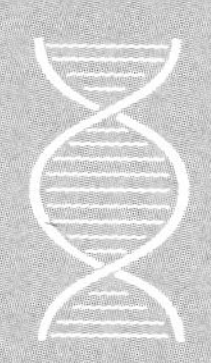

主持人：

陆梅
央视七套主持人

访谈嘉宾：

戴景瑞
中国农业大学教授、
中国工程院院士

方舟子
分子生物学博士、
旅美科普作家

王晨光
协和医学院教授、
美国天普大学斯巴罗研究所客座研究员

和110位诺奖得主同签名

提要：

在世的诺贝尔奖获得者加起来是290多个，这就意味着在世的、自然领域的诺贝尔奖获得者的大部分，都参与签名了。能够把这么多诺贝尔奖获得者集中起来，一起针对某一事件发出声音，历史上前所未有。

这是科学界忍无可忍的行动，是在社会长期对转基因不认可，甚至有人故意妖魔化转基因的情况下，科学家才勇敢地站出来。

我非常高兴看到这样一封公开信，但是不是他们发声后，关于转基因的社会问题就完全解决了？实际上是不可能的。

陆梅：欢迎来到《基因的故事》系列访谈当中。今天我们演播室请来三位重量级嘉宾，首先是坐在我左侧的戴景瑞戴老，他是中国工程院院士，玉米遗传育种学家。

坐在我右侧的这位先生估计大家非常熟悉了，方舟子，生物化学博士，方舟子先生也是国内最早从事转基因科普的专家之一。

我们现场还请到一位医学界的权威，来自协和医学院的王晨光，王教授也是多年从事转基因的科普工作。

感谢三位多年来在转基因方面做出的贡献和努力，今天三位聚在一起，希望通过三位的介绍和碰撞，能够让大家更全面认识关于转基因的真相，包括转基因的历史、现状以及未来，让大家更清楚地了解转基因，走近转基因。

我们今天的访谈从最近发生的一件很轰动的事情说起。2016年6月29日，有110位诺奖获得者共同签署了一封联名公开信，敦促绿色和平组织停止反对转基因的活动，尤其是停止反对转基因黄金大米的活动。[①]诺奖得主是代表科学最高水平的一个群体，这也是一次公开的呛声，我想问一下三位，听到这个消息以后有什么感想，这次呛声活动为什么发生，发生以后又有什么样的意义。

戴景瑞：我听到这个消息非常高兴。科学最后必定会让大家慢慢了解，并被普及。这一百多位诺奖获得者能够公开站出来支持转基因，对我们转基因事业的发展非常有利，可以推进转基因事业的发展，是很大的助力。我非常高兴看到这样一封公开信，但是不是他们发声后，关于转基因的社会问题就完全解决了？实际上是不可能的。

陆梅：确实是，当这封公开信曝光以后，确实引起了整个舆论的反响，甚至可以说是在全球刮起了一阵旋风，会有质疑的声音，同时也

---

① 黄金大米是专门针对最严重的一种营养缺乏症——维生素A缺乏症而研发的。由于缺乏足够的维生素A摄入，全球许多贫困地区的儿童会出现夜盲症、双目失明甚至死亡，每年至少有数十万贫困儿童死于这种营养不良。最早研发黄金大米是上世纪90年代，本世纪初这种产品走向成熟，儿童只要每天吃下2两黄金大米即可补充足够的维生素A。随后参与研发的科学家集体放弃了专利，黄金大米于是成为人道主义项目。但绿色和平组织出于私利而持续多年攻击、污蔑黄金大米，导致这一本可造福人类的项目迟迟不能推出，在科学家群体中引起公愤，最终导致这次签名活动。——编者注

有人纷纷加入这个行动当中。听说王教授您也声援了？

王晨光：准确地说，到今天早上我查了有110位诺奖获得者和4200名各界人士签字，我的签名排在第一千多位。我看了这个新闻以后，首先和戴老一样有高兴的心理。这是科学界忍无可忍的行动，是在社会长期对转基因不认可，甚至有人故意妖魔化转基因的情况下，科学家才勇敢地站出来。

陆梅：方舟子怎么看？

方舟子：我看到这个新闻以后，第一时间在我的社交媒体上转发，并且也签名了。这件事会有很长久的历史意义，以前也有诺贝尔奖获得者声援转基因，但人数没有这么多，当时有四十多个。这次是110个，在世的诺贝尔奖获得者加起来是290多个，这110个就超过三分之一了。

而且，这110个当中基本上都是搞自然科学的，是以生物学家为主的。诺贝尔奖还有和平奖、文学奖、经济学奖，有近一半是跟科学没有关系的，这就意味着在世的、自然领域的诺贝尔奖获得者的大部分，都参与签名了。能够把这么多诺贝尔奖获得者集中起来，一起针对某一事件发出声音，历史上前所未有。

国内一些所谓对转基因持中立立场的人，常常质问为什么权威人士不站出来说，不告诉我们转基因究竟好在哪儿不好在哪儿，是不是真的安全。其实专家一直是在说的，像戴老，他就经常在说。但是我们的声音不像这么多诺贝尔奖获得者一起站出来发声那么响亮，所以这次发声意义非常大。

而且，诺贝尔奖获得者联名发声这件事，在中国引起的反响可能比在国外还要大，一个很重要的原因是，转基因在中国是被妖魔化最厉害的，遭到非议、争论比世界上其他国家都要大。

我们已经离不开转基因

提要：

转基因技术能够解决传统技术解决不了的问题，对于作物产量提升和品质改善就是不可或缺的。

从医学角度来说，人类已经离不开转基因许多年了，各种医药，包括疫苗，目前很多都是通过转基因手段生产出来的。

陆梅：戴老和王教授提到110位在世的、超过三分之一的诺奖获得者公开署名，是忍无可忍的心境之下做的事情，方舟子也提到在世界范围内都存在对转基因的反对、质疑的声音，在咱们国家声音可能更大一些。那么有一个疑问，既然对转基因有这么多质疑声，为什么咱们科学家和政府还要坚持从事转基因的研究呢？

戴景瑞：事实证明，转基因的成果对于社会的发展、对于生产力的提升、对改善人民的生活，都是非常重要的。美国已经推广转基因育种产业20年了，全世界有26个国家允许转基因作物的研究和种植，还有36个国家可以进口转基因农产品，它对世界的贡献非常之大。

陆梅：戴先生自己也在从事转基因作物的研究，您能再具体说一说吗，从农业领域来说，为什么需要开展转基因技术的研究？

戴景瑞：大家知道，有很多问题靠传统技术是解决不了的，比如抗虫，玉米也好，小麦也好，水稻也好，对虫的危害没有抵抗能力。虽然品种之间有些差别，但是不可能解决抗虫的问题。但是通过将外来基因转到作物里面，作物抗虫能力就能显著增强，虫子只要吃玉米或者水稻的叶子就要死掉，这样就可以保证作物安全，可以保证它稳产、减少损失，就可以保证产量的增长。

一句话概括，转基因技术能够解决传统技术解决不了的问题，对于作物产量提升和品质改善是不可或缺的。所以转基因产业化必须大力推动，让它在世界范围内加以推广，这样对全人类的食物安全保障都是非常有利的。

陆梅：好像世界粮农组织发布了一个数据调查，预测到2050年世界粮食作物产量要翻一番才能满足日益增长的人口需求，如果要实现翻一番，从农业角度来说确实离不开转基因技术。王教授似乎更着重于从医学角度看待转基因技术?

王晨光：我们讨论转基因话题的时候，更多是关注到农业这块，这是民生问题。从医学角度来说，人类已经离不开转基因许多年了，各种医药，包括疫苗，目前很多都是通过基因重组，说白了也就是转基因手段生产出来的。另外，转基因技术在工业化方面也已经得到广泛应用。所以说，你不吃转基因食品也没有关系，但你在生活中已经离不开转基因。所以转基因这项技术的重要意义不仅在于它到底能够提高多少粮食产量，或者是带来多少经济效益，而是我们目前这个社会已经完全离不开转基因。

谁在反对转基因

提要：

包括利益集团、伪环保势力、政治诉求、民众科学素养低，多方面因素造成了目前转基因在中国的困境。

陆梅： 王教授和戴教授分别从医疗角度和育种角度来说明我们已经离不开转基因技术，既然它这么重要，为什么转基因还处在这么尴尬的舆论环境，这个舆论环境形成的原因是什么？

方舟子： 有多方面的因素，其中很重要的一个是经济因素。正如戴老说的，转基因技术能够让农作物虫子更少、产量更高，这样就会对传统产业产生冲击。最直接的是所谓的有机农业，他们生产的有机食品，成本高，卖得贵，转基因产业就跟他们产生了竞争。所以不管是国内还是国外，反对转基因最积极的就是搞有机农业和有机食品的，他们为了推销昂贵的有机食品，就污蔑便宜的转基因食品是不好的，安全性是有问题的。这是经济利益的因素。

还有一方面因素，反对转基因的相当大的势力是来自所谓的环保组织，比如这次诺奖得主的联名信，针对的就是所谓的环保组织叫绿色和平组织，他们出于所谓的环保理念，认为转基因作物会污染环境。当然我不赞同他们的环保理念，我认为他们的环保不是真正的环保，他们是出于所谓的伪环保理念也好，极端环保理念也好，都是出于一种信仰而反对，这对于国内舆论也造成了影响。

绿色和平组织在中国对舆论的影响力超过了美国。绿色和平组织在美国发一个声明，基本上没人理睬他，所以他们要采取极端的手段，要示威游行、要破坏试验田和实验室才能引起舆论关注；但是在中国，他发一个声明，很多媒体会转，把它当成权威的声音。

中国还有自己比较特殊的因素，其中一个是政治因素。很多人反对转基因，其实并不是真正关心农业问题，或者关心食品安全问题，他们是把这作为一个借口，来跟政府叫板，要求政务要公开、程序要透明等等。这是中国特殊的因素。

还有一种因素也很重要，中国民众的科学素养很差，有调查说中国国民只有百分之几具有基本的科学素养，实际结果可能比这还要低得多。民众科学素养比较差，在涉及比较高尖端科学问题的时候，他们就没有什么识别能力了，很容易被煽动起来，被各种谣言误导。转基因方面的谣言实在太多了，一般民众连基因是什么都不知道，更不要说转基因是什么，一听说转基因，就以为是很恐怖的东西，就会容易产生一种疑虑；加上有各种各样的势力在背后推动着反对转基因，反对的声音还很大，民众就很容易受到误导。

多方面因素造成目前转基因在中国的困境，这是其他国家少见的。

基因是什么

提要：

基因就是能够编码某一种蛋白质的DNA的片断。

基因的序列会发生变化，为什么能从一个最原始的细胞，进化出这么多的物种，一直到出现人类？就是因为基因会发生变化。生命一方面会遗传，另一方面会发生变异，这才会进化出这么多物种。

陆梅：道理不说不明，事实不辩不清，我们有必要帮助民众全面客观理性地去认知转基因，只有了解之后，才能够进行理性的思考，做出自己的判断。方博士能不能首先给我们讲讲，基因是什么，基因是不是自然界本来就有的?

方舟子：基因当然是自然界本来就有的，我们身上就带着很多种基因，人类基因组里大概有两三万种基因。只要是生命就肯定有基因，所以自从地球上有生物以来，那是三十多亿年前，就有基因出现。

基因是一种什么东西呢？基因这个词是从英语音译过来的，光看字面意思不容易理解，它本来的意思是遗传的因子。我们人也好，其他生物也好，都有各种各样的特征。比如作物长得高还是矮，产量高还是低，这种特征在生物学上叫性状。基因就是控制某种性状的遗传因子。这是从概念上说。

我们现在对基因的认识已经深入分子层次了，基因究竟是由什么物质组成的？我们都知道是由核酸物质，核酸简称是DNA。DNA本身是干什么用的？它是携带遗传信息的。刚才说了，基因是控制生物性状的遗传因子，通过什么控制？是通过它携带的遗传信息来控制的。可以说，基因实际上就是某一个有遗传信息的DNA片断。遗传信息是怎么表现出来的呢？主要是通过编码蛋白质表现出来的，说得准确一点，基因就是能够编码某一种蛋白质的DNA的片断。

王晨光：说到这儿，我再补充一点，对于基因结构的破解是上世纪50年代的事，完成这项工作的是沃森和克里克，他们因此获得了诺贝尔奖。沃森也参与了这次签名，克里克早就去世了。

陆梅：基因存在于自然界中大概多久了？

方舟子：基因不可能留下化石，我们只能推断，生命诞生以后就有基因。生命的特征就是它能够遗传，能够复制，涉及遗传肯定涉及基因。地球诞生生命是在30亿年前，基因也应该是那个时候就有了。

陆梅：基因虽然很微小，但它应该是通过科学手段看得见，摸得着的东西吧？

王晨光：肉眼看不见，通过显微镜手段是可以看到它的一些折叠结构的。

陆梅：方博士提到，基因最主要的功能就是遗传，一代代传递下去。我好奇的是，假设这个基因是一代代遗传下去的，在漫长遗传过程当中，基因是不是会发生改变?

方舟子：基因的序列会发生变化，如果不发生变化，那就没有今天的人类了，就会一直停留在很原始的细胞、很原始的生命。为什么能从一个最原始的细胞，进化出这么多的物种，一直到出现人类?就是因为基因会发生变化。生命一方面会遗传，另一方面会发生变异，这才会进化出这么多物种。

陆梅：生物在生长和适应环境中，除了保持原有性状以外，也在不断发生变化，发生一些突变，这就被称为进化?

方舟子：是的，生命进化一直在发生、进行。

转基因与基因转移

提要:

所谓的转基因，是说一种生物不存在某种基因，而将外来的某种基因转到这种生物里面去；我们一般说的转基因指的是一种技术，是需要人来操作的。

人体大概有8%的基因是来自病毒。事实上这就是转基因，是病毒基因转给我们的。不过我们一般不叫转基因，而叫基因转移。

原始的野生地瓜就是一条细根，没有让人食用的部分；是一种农杆菌感染了地瓜，让地瓜不断增生，加上选育的过程，慢慢变成了现在地瓜的形状。从食物角度来讲，你只要吃过地瓜，就吃过转基因食品了。

人工转基因技术，原理跟自然界发生的是一样的。

陆梅: 基因传递和遗传，促使了生物一代代繁衍生息。戴先生，这样的基因转移和延续是不是可以被称为转基因?

戴景瑞: 不是，自身的繁殖和一代代往下传不是转基因。所谓的转基因，是说一种生物不存在某种基因，而将外来的某种基因转到这种生物里面去，这才是转基因。

陆梅: 明白了，一个物种的部分基因转移到另一个物种当中，称为转基因。我们通常所说的转基因是指人工进行基因转移的一种手段，这是不是可称为狭义的转基因？也就是说，除了人工手段之外，在自然界当中也会有物种会发生天然的、非人工干预的转基因现象出现？

方舟子：天然的转基因一般叫基因转移，是水平转移，一个物种的基因跑到了另外一个物种。我们一般说的转基因指的是一种技术，是需要人来操作的。但这项技术跟自然界发生的基因水平转移实质是一样的。

比如病毒，在自然界就经常会发生基因的转移。病毒介于生命、非生命之间，它非常简单，就是几个基因组成一个基因组，外面包着一个蛋白质外壳。它本身没法自己繁殖，那它怎么扩增？它必须要依靠感染我们的细胞来解决问题。绝大部分的人都会感染一种病毒叫疱疹病毒，有时候我们手上会长一个包，那就是疱疹病毒引起的，几乎所有人都感染过，而且一感染就没法去除掉，因为病毒感染你的时候，就把它的基因注射到我们细胞里面了，而且它的基因片断会结合到我们人体细胞的基因组里面去，怎么进去？在我们本身的细胞分裂、扩增的时候，病毒基因从蛋白质外壳里面释放出来，复制扩增，而且会整合进我们人体的DNA，你就不可能再把它消除掉。

这是不是类似我们的人工转基因？是，只不过它是天然发生的。如果病毒基因整合到我们的生殖细胞里面，就会遗传下去，你下一代就会带上这个病毒基因。我们人类经过了长期的进化，如果从最早的生命开始算起，已经几十亿年了，我们的祖先，可能是鱼或者其他比较原始的早期生物，在这个漫长的进化过程中就会经常被病毒感染，病毒基因有可能整合到我们基因组里面，然后遗传下去。

所以到了现在，我们每个人身上都天然携带着很多病毒的基因，这个跟现在的病毒感染没关系，是祖先遗传给我们的。据统计，人体大概有8%的基因是来自病毒。事实上这就是转基因，是病毒基因转给我们的。不过我们一般不叫转基因，而叫基因转移。

陆梅：非人工手段的，天然的转基因方式其实称为基因转移。

王晨光：我补充一点，你刚才提到转基因的狭义、广义概念，广义上讲，作物之间的杂交，包括人工杂交，也是一种转基因。狭义的转基因，就是指人工操作的，在分子水平上把某种作物基因克隆出来转移到另一种作物当中。

陆梅：除了疱疹病毒感染以外，还有其他的“天然转基因”吗？

王晨光：天然的转基因到处都可以看到，病毒只是一个个例。自然界还存在很多更神奇的转基因现象。例如有一种非常奇怪的生物，它长得很像一片树叶，也有人觉得它像是一种共生苔藓，其实它是一种动物，叫海蛞蝓。这种生物平时是吃绿藻的，绿藻含有大量的叶绿体，能够制造叶绿素，它的最大功能是通过光合作用把太阳光的能量固定下来。这种生物有一种神奇的能力，它吃了叶绿体之后，就能够把叶绿体变成自己身体的一部分。这不是一个基因的转移，而是把绿藻一整套基因都转移到自己身体里，以后它靠晒太阳就可以生存了。

陆梅：就是说它还是动物，但是维持自己的生计则靠晒太阳就可以了。

王晨光：并不是完全就依靠晒太阳，是它没法摄取食物的时候就晒太阳，它还是会继续吃绿藻的。

陆梅：它能遗传这套叶绿体吗？

王晨光：不能。它依然是动物，只是利用能量的方式上像植物，其后代并不会一生下来就像它一样带有叶绿体，这是不可以遗传的，能遗传的是它这种能通过吃绿藻就给自己成套转移外来基因的本领。

自然界存在的转基因现象还有许多，比如我们常见的树瘤，树瘤产生的原因有多种，最常见的就是树被病毒感染而长出树瘤，有点像我们人被疱疹病毒感染以后长一个水疱。以能固氮的根瘤来说，它已不是转基因的概念了，是一种共生现象，但又不像其他生物的共生，它有自己的特点。这种现象豆科植物比较多，豆科植物的根能够吸收黄土中的某些化合物，这些化合物能够吸引根瘤菌，这种细菌又有一种功能，它可以分泌一些东西，让植物细胞不断分裂，根瘤菌共生就让细菌获得一些它自己的营养，植物则利用它获得了固氮的能力，这也是为什么豆类植物高蛋白的原因。

疱疹和树瘤对于我们来说都不是什么好事，但自然界也有对我们有好处的转基因。你们知道那是什么吗？

陆梅：红薯，也叫地瓜。

王晨光：嗯，地瓜！地瓜在饥荒年代曾经救了不少人的命，因为它产量特别高，一亩地高达万斤的产量，而且它的营养还是多方面的，比如富含维生素A，是非常好的补充维生素A的方式。地瓜就是自然界的转基因对我们的惠赠。

2015年有一篇重量级的文章，中国科学家也参与了这项研究，和欧洲、美国的科学家一起调查了目前全世界能找到的所有地瓜品种，大约有两百多个，发现没有一个品种是原始的，所有都是转基因的。他们推测，原始的野生地瓜就是一根细根，没有这种长出来让人食用的部分；也是一种农杆菌感染了地瓜，让地瓜不断增生，加上选育的过程，慢慢变成了现在地瓜的形状。

从食物角度来讲，你只要吃过地瓜，就吃过转基因食品了。

陆梅：这个信息太惊人了，这么熟悉的地瓜，居然是基因转移的产物。如果没有发生基因转移的话，地瓜本身就是细细长长一条根的形态，是发生基因转移以后才形成这样的块根，还富含这么多营养，真是非常有意思。

我想知道，人工转基因技术，原理是不是跟自然界发生的是一样的？

方舟子：是一样的。

转基因的安全——科学家的未雨绸缪

提要：

1974年，美国科学院专门为基因工程组成了一个委员会，呼吁科学家们要规范遗传工程研究，在规范定下来之前，大家先别做了，应该来开会讨论怎么样把这套程序规范出来，避免真的发生什么灾难。

我要强调，一般的公众能够想到的可能发生的问题，科学家早就都想到了；一般公众想不到的问题，科学家也想到了。所以我们不要觉得科学家会不负责任。

陆梅：我很好奇人工转基因究竟是怎样实现的？

戴景瑞：人工转基因，我们通过基因工程手段来操作。这里有三个基本元素：一个是转基因的受体，你想把基因转到哪个生物里面去，这个生物就叫受体；还有一个是供体，基因从哪儿来的？提供这个基因的生物体就叫供体；还有一个是载体，通过载体把供体里面的基因转到受体里面。

首先你必须把提供供体的基因克隆出来。比如玉米，我们希望它增加抗虫性，玉米的钻心虫特别厉害，钻到玉米秆子里面秆子就断了，钻到玉米穗里，穗子就断了，我们必须找到一种供体基因，把抗虫基因克隆出来。目前有许多抗虫基因都来自苏云金芽孢杆菌（即Bt，从中克隆的基因称为Bt基因）这种供体。

第二步，我们需要一个运输工具，就是所谓的载体，通过载体让基因进入玉米里面。载体是什么呢？载体就是根瘤农杆菌，它也是自然界就有的。根瘤农杆菌本身能够侵染植物，其中有一段基因叫作TDA，这个TDA能够侵入玉米里面去。TDA本身有别的功能，我们把它对玉米不利的部分切掉，只利用它的侵染功能，把我们克隆出来的抗虫基因放到TDA里面，TDA就带着这段抗虫基因进入玉米染色体，成为玉米DNA当中的一部分。玉米有几万个基因，给它加入这个基因，就可以把抗虫作用一代代遗传下去。

陆梅：在微观世界里，其实这是进行了一个很复杂的过程，还借助了根瘤农杆菌，我们转基因事实上是在跟根瘤农杆菌学习，那在这项技术发展中，谁是根瘤农杆菌的大弟子呢？

王晨光：根瘤农杆菌之外，我们也还有其他手段。这像个什么？戴先生可以解释一下。

陆梅：现场观众说是基因枪。

王晨光：是的。目前这种手段还在用吗，还是用得不太多了？上世纪90年代在叶片上进行转基因操作用得不少。

戴景瑞：现在我们不是这么操作，不是直接往叶片里面打，而是把克隆出来的基因放到基因枪里面，直接打到玉米细胞里面去，再让它繁殖。抗虫基因打到细胞里面去以后，可以进入细胞里面的染色体上，跟细胞里面的DNA整合到一块，这样它就可以自动繁殖。细胞慢慢增长，变成一个组织、一个器官，最后变成一个植株，抗虫性状就产生了。

陆梅：也就是说转基因的技术手段也是不断更新发展的。

戴景瑞：基因枪是一种手段，还有其他手段。

方舟子：最开始做植物转基因的时候，是离不开农杆菌的。植物转基因发展相对来说晚一点，是上个世纪80年代初才开始做。我们刚才说的基因枪，实际上是遗传工程的一种手段。

最早的遗传工程是拿病毒和细菌来做，因为病毒基因很简单。1971年，美国一个生物学家伯格在美国的冷泉港生物实验室完成了一项基因工程，他把猿猴病毒V40的一段基因跟噬菌体中专门感染细菌的基因结合在一起，这是人类历史上第一次做遗传工程。

这项实验做出来后，伯格就在国际会议上做了一个报告，这个报告公开以后，生物学家们就很担心，他实验用的是一个猿猴的病毒基因，如果这种转了基因的微生物跑出去的话，是有可能感染人类的，或者感染其他的动物。大家很担心，这种相当于变异的微生物会不会引起灾难。第二年又有人做了分子克隆实验，也是用类似的手段、用细菌DNA来做的，这就引起大家更大的担心。

于是在1974年，美国科学院专门为基因工程组成了一个委员会，呼吁科学家们要规范遗传工程研究，在规范定下来之前，大家先别做了，应该来开会讨论怎么样把这套程序规范出来，避免真的发生什么灾难。

陆梅：所以这是很严谨的态度。

方舟子：对，所以大家不要觉得科学家都不负责任、没有社会责任感，只顾自己做科研，其实不是的，一般公众考虑不到的问题他们都会考虑到的。1975年，科学家们在加州开了一次会议，把准备做遗传工程和分子克隆的人召集到一起，定了一整套规则出来。

这套规则的几个重点是：首先在物理上防毒，做遗传工程时要戴手套、要穿实验服、要在通风厨里做、要经过消毒。这是物理上的防毒。其次，还要对生物做一些改造，让它跑不了，跑出去活不了。到1976年，美国一个政府机构，叫作国家卫生研究院，发布了关于做遗传工程、基因重组的一整套规定，当时大家认为，按这套规定做的话不会有问题。

但公众一开始还有疑虑，反对的声音很大，当时美国反对做遗传工程、做DNA重组技术的呼声不比现在中国反对转基因的声音小。甚至，美国著名的哈佛大学想建立一个做基因工程的实验室，当时就给禁掉了，不让建——当然最后这个禁令被推翻了，还是允许建了。美国国会举办过几次听证会，质问这些科学家是不是乱搞，要不要管起来。但是过了几年，大家发现其实没什么事，而且遗传工程会给人类带来很多很多的好处，反对的声音就慢慢平息了。

这么多年，从19世纪70年代一直到现在，基因工程就没出过事。

我要强调，一般的公众能够想到的可能发生的问题，科学家早就都想到了，一般公众想不到的问题，科学家也想到了。所以我们不要觉得科学家会不负责任。

转基因，不是要转你的基因

提要：

我主张干脆光明磊落地告诉大家，这就是转基因，大家取得共识就好了，没有必要改。

我们吃的任何东西，都是经过长期基因改良的，并不是只有转基因食品才这么做。纯粹野生的食物很少，只要是农业发展而来的东西，都经过了人类几千年基因改良。

叫什么名字是次要的，关键是赋予这个名字什么含义。我们现在需要的是去证明、恢复它的名誉，告诉大家转基因是什么，这种东西不可怕，它是一种先进的技术，是可以造福人类的。

陆梅：刚才听方博士给我们如数家珍介绍了基因发展的过程，从1971年开始到现在，研究已经有四十多年历程了，对于这个领域的科学家来说，对转基因的安全性早已经有了共识。但还是有很多民众，他们对转基因的认识存在很多误区。我听到很多人表示过这样的担忧：是不是我食用了转基因食品之后，就会把我的基因给转变了？

方舟子：这是望文生义，以为转基因就是要转我的基因，其实不是的，转基因的意思是把一个物种的基因转入另外一个物种，是指生产农产品的过程要用到转基因手段，而不是说你吃了这个产品之后，就把你的基因给转了。

我一开始谈到，基因是核酸物质，我们吃的几乎所有食物里面都含有基因和核酸，这些核酸吃下去以后都要被消化掉，我们人体不可能直接吸收核酸来改变人体的基因。哪能那么简单就能改变人体基因？医学上有一种基因疗法，那是非常复杂的，为了改变人体的基因，要付出极高的成本。

有人会说，你别说得那么肯定，说不定真的会发生吃基因就把你的基因改了这样的事。南京大学有一个教授叫张辰宇，他做了一项研究，发现食物里有一种东西叫微小RNA（核糖核酸），吃了以后能够跑到人体里面，对人体产生影响。这个实验结果，国外重复不出来，但是反对转基因的人经常拿这个说事。其实这个实验结果跟转基因没啥关系，即便它的结果可靠，大家首先要担心的不是你吃转基因食品把你的基因改了，而是你吃任何的食品，里面的基因都会把我们的基因改了；吃转基因食品，那也只是增加了一个或几个基因而已，食物里面还有几万个基因，你何必只担心新增加的这个基因？

王晨光：如果那样，是不是主持人想变成美人鱼的话就多吃鱼！

陆梅：也有热心人士提出这样一个想法，既然很多人对转基因这个词汇很敏感，有很多担心，我们是不是有必要换一个名词，会不会有更好的选择、更容易让人们接受而不会产生顾虑的叫法？三位嘉宾觉得有这个必要吗？

戴景瑞：这个问题已经讨论很多次了，在很多场合都有人提议，既然大家害怕这个技术，是不是就不要这么提了。但是即使你不提，这个技术还是存在的，我们还是这么操作的，何必要把它隐藏起来？我主张干脆光明磊落地告诉大家，这就是转基因，大家取得共识就好了，没有必要改。

方舟子：我们中国叫转基因食品、转基因作物，在国外，大众媒体上不是这么叫的，他们有叫作基因改良作物或者基因改良食品，这种叫法其实不是很准确。可以说，我们吃的任何东西，都是经过长期基因改良的，并不是只有转基因食品才这么做。纯粹野生的食物很少，只要是农业发展而来的东西，都经过人类几千年基因改良，只不过转基因是很精确的、在分子水平上的改良，采用的是遗传工程的手段，或者说是基因工程的手段。遗传工程和基因工程是同一个英文的不同翻译，所谓工程，指的是很准确地进行改造。所以在美国，正式场合下会把我们说的转基因作物叫作遗传工程作物，这是最准确的说法。

转基因技术只是遗传工程当中的一种，是目前在农作物上用得最广泛的一种。要改造遗传性状，不一定要涉及跨物种基因转移，有可能是同一个物种不同品种间的基因转移，甚至不涉及基因转移，比如现在很热门的基因编辑，可以把某段基因去掉，或者修饰某一段基因，这些都属于遗传工程。

为什么在国内叫成了转基因作物、转基因食品？因为中国最早做的就是转基因技术，大家就这么叫开了，结果用别的遗传工程方法来做的也都叫成转基因了。今天涉及这个问题，在翻译上也都统一了称谓，我们一开始谈到的诺贝尔奖获得者公开信上，其实英文原文写的就是遗传工程作物、遗传工程食品，我们翻译的时候只好说成是转基因食品、转基因作物，不然大家听不明白，不知道你在说什么。所以我也同意戴先生的说法，没有必要改了，如果改的话反而会引起混乱。我们现在需要的是去证明、恢复它的名誉，告诉大家转基因是什么，这种东西不可怕，它是一种先进的技术，是可以造福人类的，让大家理解了，这是更重要的。

陆梅：方博士观点很明确，王教授什么看法？

王晨光：这一点我非常同意，叫什么名字是次要的，关键是赋予这个名字什么含义。不知道在座的有没有印象，在上世纪90年代的时候，中国卫星上天时搭载有一些种子，回来之后种植。究其实质，它用的是传统的诱变育种技术，是希望太空射线在基因层面上搞出突变变异，产生好的性状。但这只是一个好的愿望，我们不去追究那个时候的成果到底怎么样，关键在于你赋予它什么样的含义——当时叫“航天育种”，带上“航天”两个字，好像立马变得高大上；现在一到转基因，却好像就见不得人一样，因为“转基因”三个字已经被污名化了。可见名字的含义是人赋予的。就像方舟子所说的，现在需要为转基因正名，不要被人误解为是不好的东西，而不是要给它改名字。

医药离不开转基因

提要：

传统胰岛素是从牛的胰腺分离出来，需要宰杀几十到几百头牛才够一个普通糖尿病人用一年；目前采取转基因的方式，用微生物很容易低成本制造出更高质量的胰岛素，普通病人才能够每天注射胰岛素。

上世纪90年代，美国民众反对转基因的呼声也很高，后来不反对了，是因为他们一方面知道这项技术很安全，另一方面是民众感受到了遗传工程的好处。

陆梅：据我所知，转基因发展至今，并不只是在农业领域有很好的应用，王教授能否给我们介绍一下它在医学领域发挥了怎样的作用?

王晨光：在医学领域、制药行业，一般不用转基因的概念，而叫基因重组，其实手段都是差不多的。

我们都有接种疫苗的经验，无论是本人，还是带自己的孩子去接种。在没有遗传工程之前，早期的疫苗经常是用减毒手段培养出来，让它没有攻击性，这种方式安全吗？总的来说应该也是安全的，因为采取了比较严格的方式；但它确实有一定不安全性的因素。而目前通过转基因手段，乙肝疫苗、丙肝疫苗，都已经不是用传统的方式，而是通过遗传工程，用发酵的方式生产出来，这样就避免了以前的那么一小点不安全因素。

疫苗之外，还有用转基因手段生产的各类药物，包括某些抗肿瘤药物，以及一些治疗心脏病的药物。药物按照生产方式的不同可以分成几种，有化学药物，我们吃的药片大多属于化学药物；近几十年随着遗传工程的发展，出现了一大批生物药物，是通过转基因的手段，借助于某些微生物来生产的。

中国已经迈入了糖尿病的高发阶段，糖尿病患者经常要用胰岛素，传统胰岛素是从牛的胰腺分离出来的。有人估算过，需要宰杀几十到几百头牛才够一个普通糖尿病人用一年，成本极高；目前采取转基因的方式，用微生物很容易就低成本制造出更高质量的胰岛素，这样才使普通病人用得起每天都需要的胰岛素注射治疗。

这些都是医学上的应用，我只是举了两个例子，这样的例子非常多，包括生产各种干扰素，目前生物制药已经成为一个重要领域。

方舟子：我一开始谈到，上世纪90年代，美国民众反对转基因的呼声也很高，后来不反对了。为什么？是因为他们逐步理解了，一方面知道这项技术是很安全的，更重要的一方面是民众感受到了遗传工程的好处。

胰岛素就是转基因技术带给人们好处的一个经典案例。科学家把胰岛素基因克隆出来，转到大肠杆菌里面，然后大量繁殖，再提取出胰岛素。这在1978年就做出来了，1982年以基因工程生产的胰岛素上市，这是第一种上市的遗传工程药物；那些患了糖尿病的病人，马上亲身感受到了好处。以前胰岛素极其昂贵，以人工基因重组技术生产出来的胰岛素一出现，价格马上下降，病人自己感受到了好处，他的亲戚朋友也感受到了好处，大家慢慢就不反对了。

转基因可以生产汽油？

提要：

通过转移其他生物的基因到酵母当中，把酿酒的酵母改善改良，让它产生不同的味道，酿出的啤酒味道非常丰富。

我们把这些用转基因技术生产出来的酶加到洗衣粉里面去，就可以帮助大家把衣服洗干净。

有许多跟转基因技术相关的产品大家都在用，只是没有意识到而已。

陆梅：除了在农业领域、医学领域的应用之外，转基因在其他领域还有怎样的应用？

王晨光：你们都喝啤酒吗？我比较喜欢喝。我们知道啤酒的味道来自几个方面，一个是啤酒花，另外是里面用什么菌种、在发酵过程中能产生哪些发酵物、哪些美味的东西，从而让啤酒产生不同口感。目前已经有很多研究，通过转移其他生物的基因到酵母当中，把酿酒的酵母改善改良，让它产生不同的味道，酿出的啤酒味道非常丰富。

现在有一种绿藻，是经过遗传改造了的绿藻，这种绿藻的使命是通过固化太阳能的方式生产油，是通过转基因的方式提高里面的油脂含量，也可以生产汽车用的油。这种新能源技术在美国已经很成熟了。

方舟子：我也举个例子，大家洗衣服的时候，用的洗衣粉，里面往往会加酶进去。为什么加酶？因为酶是一种生物催化剂。衣服穿脏了有两方面因素，一个是外面粘上了脏东西，另外是里面的脏东西，里面的脏东西是人类分泌的汗或者脱落的细胞，汗和细胞很主要的成分是脂肪和蛋白质，它沾上去以后把它弄下来是个难题。如果用普通洗衣粉，可能水温要比较高、洗衣机转动非常快速才能把它震下来或者洗脱下来；但是我们可以加蛋白酶进去把蛋白质分解掉，加脂肪酶进去把脂肪分解掉，加淀粉酶进去把淀粉分解掉，这样就很容易洗干净衣服。以前蛋白酶要从动物组织里面提取，那是非常贵的，不可能用于日常生活，提取出来那么一点点都是用来做实验。现在我们可以把生产蛋白酶、脂肪酶、淀粉酶这些基因克隆出来，转到细菌里面去，然后培养细菌就好了，这些细菌就能够生产蛋白酶、淀粉酶、脂肪酶，这就很便宜。我们把这些酶加到洗衣粉里面去，就可以帮助大家把衣服洗干净。

所以，有许多跟转基因技术相关的产品大家都在用了，只是没有意识到而已。

有杂交，为何还要转基因？

提要：

传统的育种手段不足以满足人类发展需要。基因工程能解决过去传统技术解决不了的许多问题，这是非常重要的。

传统育种技术是盲目的，费时间，效率低。基因工程则是很准确的，效率非常高，速度也很快。

陆梅：就农业领域而言，我们还是会听到这样一种声音：我们已经有了杂交技术，据说已经有农业科学家做到了让树和草杂交，实现同一科不同属、不同种之间的杂交，为什么还要搞转基因？

戴景瑞：传统技术是选择自然群体里面好的性状，比如选抗倒伏的植株，是最原始的技术，自古以来就是这么干的。后来发展到人工杂交育种，通过杂交实现基因重组，然后从重组的后代里面选出综合性状比较好的，能够集中更多优点的个体。后来又用人工的伽马射线或者X射线诱变，照射种子或者幼苗，让它发生变异、后代产生优良性状，这也是一种手段。不过更多用的还是杂交重组手段，这是因为诱变效率更低，虽然也起了一些作用。

但是这些手段还不足以满足人类发展需要。像上世纪90年代，棉花的棉铃虫闹得非常厉害，棉花产业受到威胁，几乎绝收。很多农民到棉花田里打药，夏天要打好多次药，最后打药的人中毒了，棉铃虫还不死，最后被迫发展出转基因的抗虫棉。科学家把苏云金芽孢杆菌里面的抗虫基因分离、克隆出来，转到棉花里面去，这个问题就解决了，这些农民种棉花不再需要费那么大力气打药，节省人工、节省成本，而且棉花产量还提升了。

我说的这个案例，基因工程技术是非常重要的，如果没有基因工程，棉花产业就非常危险。其他作物也一样，通过基因工程的手段，可以解决传统技术解决不了的问题。比如黄金大米，在水稻里面增加了胡萝卜素（在人体内转化为维生素A）的成分，增加了大米的营养价值，可以对那些贫穷落后的地区起到预防维生素A缺乏症的问题。这也是传统手段解决不了的，因为大米没有那么多的维生素A。

再比如抗旱技术，天然作物有抗旱的基因，但是抗旱能力不够，而基因工程手段可以解决这个问题。总的来说，抗虫、抗病、抗旱、改善营养品质，这些都是过去传统技术解决不了的。如果没有转基因技术，这些问题就很难解决，其产量和产值、生产效率都会受到影响。不能说基因工程能解决所有的问题，但是它能解决过去传统技术解决不了的许多问题，这是非常重要的。

方舟子：传统育种技术是盲目的。比如杂交，也有基因的变化，但是它不一定能得到你想要的变化，而且随着一代代往下传递，其性状变化会快速衰减，所以传统育种技术盲目、费时间、效率低。

基因工程则是很准确的，知道需要怎么样改，因为科学家很清楚这个基因会起到什么样的作用，怎么把它转进去，效率非常高，速度也很快。

而且就像戴老说的，它能够解决传统育种方法解决不了的问题。刚才主持人说，目前能够实现不同种、不同属之间的杂交了，其实这依然是很难做到的。杂交一般是在同一物种的不同品种之间进行，跨物种杂交很难，跨属的更难，跨科的则几乎不可能了。像小黑麦，是两种不同属之间的杂交，已经非常罕见。但是转基因技术可以很容易跨物种，甚至跨不同的科、目、纲、门，甚至把动物、微生物的基因转到植物里，就跨界了。

王晨光：传统的诱变育种也是一种手段，因为人们总是抱有一种好的愿望，希望诱变出好的性状来，其实没那么理想，照射的时候会发生基因层面的突变，但突变是各种各样、没有方向型的，更多是你不希望要的突变。这是一种非常低效的筛选，经常很多年也筛选不到目标性状。

食品架上的转基因

提要：

从1996年开始，我国开始进口转基因作物，到现在，进口的大豆、玉米、甜菜都以转基因品种为主，同时自己研发种植了转基因棉花。

美国是世界上转基因研发、种植、消费的第一大国，他们国内种植的玉米、棉花、大豆、甜菜等作物，90%甚至90%以上都已经是转基因品种。

陆梅：方博士继续给我们介绍一下，目前咱们有哪些种类的转基因作物?

方舟子：最早做出转基因作物是在上个世纪80年代初，当时做的是烟草，是在1983年，当时转了一个能够抵抗抗生素的基因进去，这个试验并没有实用价值，只是试一下它行不行。后来就转了能够抗病害、抗虫、抗除草剂的基因到作物里面去，开始了田间的试验。

但是，真正开始商业化、能够上市让大家吃的转基因食品，是1994年才有的，在美国上市，是一种转基因的西红柿。这种西红柿能够耐储存，不容易坏掉，便于运输。但是这种西红柿几年以后又退市了，不是大家觉得这个不好，其实上市的时候还很受欢迎，是管理上出了问题，成本太高。

从1996年开始，我国开始进口转基因作物，到现在，进口的大豆、玉米、甜菜都以转基因品种为主，同时自己研发种植了转基因棉花。目前全世界转基因作物最主要的有两大类，一是抗虫品种，二是抗除草剂的品种。

美国是世界上转基因研发、种植、消费的第一大国，他们国内种植的玉米、棉花、大豆、甜菜等作物，90%甚至90%以上都已经是转基因品种。

还有一些比较次要的农产品也是转基因的，比如木瓜。目前市场上的木瓜几乎都是抗病毒的转基因品种，它们首先是美国做出来的，后来在我们国家也大量种植。我们现在吃的木瓜基本上都是转基因品种，如果没有转基因技术，这个产业基本上就消失了。

还有一些转基因作物品种被关在实验室中，由于种种原因，尚未大量商业化种植。比如说抗旱的玉米品种，美国基本上已经研究成功了。还有刚才谈到的黄金大米也已经成熟，但是因为其他因素导致它没法推广——这就是为什么诺贝尔奖获得者要写这封公开信，很重要的一个因素就是针对黄金大米，这个产品早就应该造福人类，但是因为绿色和平组织的阻止而没有得到推广。

陆梅：有人说，目前世界上没有哪个国家实现转基因作物主粮化。比如美国，没有把主粮小麦研发出转基因品种吧？

方舟子：首先我要说明，美国主粮不只是小麦，而是有三种，小麦、玉米和大米，吃得最多的是玉米，其次是小麦和大米，可以说玉米是他们的第一主粮，他们早餐喜欢吃麦片，就是用玉米做的。一些美国人喜欢吃墨西哥餐，也是用玉米做主食。所以不能说美国主粮没有转基因，主粮玉米90%以上都是转基因的。

转基因的小麦似乎大家谈得较少，其实美国2000年的时候就已经批了转基因小麦，获得了类似我国的安全证书，已经允许种植。但是为什么没有种？刚才我说了，现在比较成熟的转基因技术主要是抗虫和抗除草剂，这两种技术对于小麦来说应用价值都不是很大，对于小麦来说，防治虫害及喷洒除草剂不像其他作物（比如玉米、大豆、水稻）那么重要。对小麦来说，更重要的是能够抗病、抗旱、抗寒，这些性状才是最重要的。

另外，他们也受到了一些阻挠，比如日本，他们从美国进口面粉，如果是转基因的话，可能就会有一些疑虑，这涉及贸易壁垒问题。

后来美国就没有推广转基因的小麦，而是把精力用在开发其他的转基因小麦品种，转入抗病、抗旱、抗寒的性状。所以，转基因小麦未推广不是因为不安全，是别的因素导致的。

陆梅：有一个调查数据表明，美国有75%的作物都是转基因品种，这个数字可靠吗？有这么高吗？

方舟子：这好像是依据产量计算的，美国种得最多的作物是大豆、玉米和棉花，这些作物90%以上都是转基因品种了，甜菜则几乎是100%转基因。还有油菜，美国吃的菜籽油，大多是转基因的。

陆梅：目前在咱们国家，已有的转基因作物都有哪些？

方舟子：我国批了六种，但实际上真正种的就是转基因棉花，还有木瓜。我现在最希望的是早一天吃到戴老研发的抗虫玉米，为什么？我从消费者角度看，抗虫玉米不仅安全，而且更健康。玉米很容易感染霉菌，有一种镰刀霉菌会产生一种毒素，叫伏马毒素，伏马毒素是致癌物，特别是对孕妇影响很大，吃了伏马毒素之后，孕妇容易产生畸形胎儿。完整的玉米颗粒是不容易感染霉菌的，如果被虫咬过，就容易感染霉菌。有机玉米防虫工作做得不好，伏马毒素就很多。抗虫玉米虫子不会咬它，没有伤口，就不容易有霉菌毒素。所以吃抗虫玉米比吃普通玉米要好，希望戴老的玉米早点儿上市。

经济效益上的非转不可！

提要：

上世纪90年代，我们产棉区已经没谁种棉花了，因为完全控制不了虫害；后来有了转基因棉花之后，才重新开始种。

中国仅仅转基因抗虫棉一个作物，它产生的经济价值就超过了咱们国家在转基因研发领域的全部投入。

陆梅：刚才三位嘉宾的介绍，让我和在场的朋友都意识到，转基因是非常先进而且可以造福人类的技术。我想请三位从农业、医学和其他领域，再帮我们综合概括一下转基因的好处，具体有哪些？

戴景瑞：从农业角度看，转基因技术是不可或缺的，它主要是能够保证农业生产的产量增长、保证粮食安全，同时还有环境保护作用。抗虫的玉米不用打药，可以节省时间，降低成本，提高产量，还保护环境。棉花也一样，抗虫棉的推广解决了农民打药的问题，降低了成本，也保证了农民的健康，同时提升了产量。

另外，还有一种可以节省劳动力的转基因技术，比如玉米要配种的时候，人工要把母本去除，现在可以通过基因工程手段，不用人工去除，让它自己不散粉，可以省工、提高效率、节省劳动力。转基因技术前景广泛、前途无量，大家可以继续观察，我有这种信心。

陆梅：我听说有这样一个数据，中国仅仅转基因抗虫棉一个作物，它产生的经济价值就超过了咱们国家在转基因研发领域的全部投入，是这样吗？

戴景瑞：确实如此。咱们从开始转基因研究到现在，研发方面也就是投入了几十个亿，但是抗虫棉所产生的效益，大大超过这个数字，多达数百亿元。

王晨光：这一点我有直观的感受。大家知道棉铃虫吗？棉铃虫从棉桃中间钻一个孔，棉花就死掉了。刚才戴先生说了，早年没有转基因抗虫棉的时候，农民要冒着酷暑在那儿打药，一些农民会因此中毒，很不幸我就是中毒的农民之一。上世纪80年代，我在鲁西南老家务农，那儿是华北产棉区，棉花是我家的主要经济作物，种了几亩棉花，每年要打好多遍农药，从刚出花就打药，一直打到摘棉铃桃。

上世纪80年代，打药已经没有什么用了，药越打越多，那时候缺乏防护，我在第四年打药的时候中毒，幸好后来活过来了。我在田里从种棉花到收棉花都做过，最惨的是有一年，我家三亩棉花全部拔掉，完全没有收成了。当年我报考研究生的时候，其实一开始选的专业不是肿瘤学，而是农大的棉铃虫专业，就是因为亲身的经验促使我做的选择。但是后来由于各种原因没去。上世纪90年代，我们产棉区已经没谁种棉花了，因为完全控制不了虫害；后来有了转基因棉花，才重新开始种。

戴景瑞：1978年，我在河南新乡待了几个月，那是毛主席视察过的地方，那片都是棉区，棉铃虫害非常严重，我有亲身体验，农民打药经常晕倒，但现在抗虫棉解决了这个问题。如果没有抗虫棉的话，整个棉花产业会受到严重威胁。

陆梅：棉花绝产，大量的农民身体健康受到威胁。

王晨光：它不是提升产业的问题，而是没有这项技术，这个产业就没了，起码在华北产棉区就没了。当时有几种农药，一种是埋在根部的药，控制另外一种虫子的，是剧毒农药，需要在种棉花的时候和棉籽拌在一起埋到地下；还需要喷洒控蚜虫的药，如敌敌畏，现在都不让用了，毒性太强，危险太大。

陆梅：王教授用亲身经历补充了转基因技术在农业领域应用的重要性，还能从医学角度再帮我们概括一下吗？

王晨光：医学领域，转基因技术的应用已经很普遍，只要提到生物医药就离不开转基因技术，并且到目前为止还是呈现加速发展的态势。包括我们常谈的，肿瘤治疗领域最新的免疫治疗技术，也是用了这种手段，通过改造人的免疫细胞，让它更加不易于受到攻击来对抗癌症。这些技术的前景非常广阔。

转基因还能做什么？

提要：

我们利用转基因技术增加大米里铁的含量；我们还可以增加大豆里面不饱和脂肪酸的含量，让它变成更健康的食品；另外还可以把一些有害的物质去掉。

炸薯条是在高温下进行烹炸，在这个过程当中会产生对人体有害的物质、致癌物丙烯酰胺，转基因土豆把这种有害的物质去掉了，解决了油炸土豆的问题。

我们可以通过转基因技术来改变猪的抗原，把猪的抗原改成人的抗原，这样用猪的器官来做器官移植的话，就不容易产生排异反应。

把转基因蚊子释放出去后，灭蚊效果可以达到80%，减少了80%的蚊子量，基本上就可以把疾病控制住了。

陆梅：我们谈到了转基因给人类带来的福音，请三位预测一下未来转基因技术还会给我们带来哪些可能的改变。

方舟子：转基因技术的应用非常广，目前只是应用了很小的一部分，主要是抗虫、抗除草剂，它还有很多方面的潜力。在增加食物的营养成分方面，黄金大米只是增加了胡萝卜素含量，我们还可以增加其他营养素，比如大米缺铁会造成营养不良，我们可以利用转基因技术增加大米里铁的含量；我们还可以增加大豆里面不饱和脂肪酸的含量，让它变成更健康的食品；另外还可以把一些有害的物质去掉，比如有些人吃大豆会过敏，是因为里面有一种物质使人过敏，美国现在可以通过转基因手段把这种有害的过敏物质去掉，大家吃大豆就更健康了。

王晨光：最近美国批了一种转基因土豆，我们喜欢吃炸薯条的可能比较关注。炸薯条是在高温下进行烹炸，在这个过程当中会产生对人体有害的物质——致癌物丙烯酰胺，转基因土豆把这种有害的物质去掉了，解决了油炸土豆的问题。

方舟子：在医学上除了生产疫苗和药品，转基因技术还有很多其他用途。比如现在器官移植面临的最大问题，是器官供应不足，很多人想到用别的动物器官来做器官移植，研究比较多的是用猪的器官来移植，因为猪刚好在某些方面跟人体比较接近，做移植的时候排斥性没那么强烈——当然还是有排异，毕竟那是另外一个物种。现在我们就可以通过转基因技术来改变猪的抗原，把猪的抗原改成人的抗原，这样做器官移植的话，就不容易产生排异反应。

转基因产品甚至还有一些艺术的价值、观赏的价值。比如我家就养着转基因鱼，这种鱼不是养来吃的，它会发荧光，是一种热带观赏鱼，用的就是转基因技术，把荧光蛋白的基因转进去了，所以能够发荧光，就有观赏价值。我在美国买的这种鱼，现在沃尔玛就能买到，已经进入千家万户了。

陆梅：转入了荧光基因的鱼，对它的寿命和健康没有影响吗？

方舟子：没有影响。

王晨光：接着方舟子说的转基因猪，我非常有幸，1995年左右读博士的时候，参加过中国转基因猪的研究，我们实验室有一个项目就是研究转基因猪，希望转入几个基因以后，再移植心脏。心脏供体不足，很多人排着队等着心脏移植。2015年美国在这方面获得了突破性进展。

刚才方舟子提到了为什么选择猪，可能有很多原因，一个是从基因角度来说，人和猪的基因相似度达到99%。另外一个显而易见的原因是，猪如果站起来的话跟人差不多高，它的器官跟人的器官体积上差不多大。

方舟子：你们知道现在已经有转基因蚊子了吗？转基因蚊子转了好几种基因进去，有不同的物种，甚至白菜的基因。

陆梅：是让它更美丽吗？

方舟子：是希望它的后代死掉。把虫子释放出去以后，它跟野生蚊子杂交，杂交以后生下来的那些后代会在成熟之前就死，这样的话就能够帮助灭蚊，以前灭蚊都是要打药，蚊子很容易产生抗药性，灭蚊效果最好的DDT现在又不许用。为什么要研究转基因蚊子呢？因为巴西要开奥运会，巴西有寨卡病毒流行，这种病毒是通过某种蚊子传播的，这种转基因蚊子就是专门针对那种蚊子。巴西在2014年已经批准这种蚊子释放出去。科学家先做过试验，把转基因蚊子释放出去后，灭蚊效果可以达到80%，减少了80%的蚊子量，基本上就可以把疾病控制住了。

美国现在也要释放这种转基因蚊子，因为寨卡病毒传到美国了。美国食药局做过评估，结论认为是安全的。中国以后是不是也能释放转基因蚊子还不知道。

陆梅：我作为一个外行人，听到方博士谈到的蚊子就有一点担心：虽然咱们很厌烦蚊子，被蚊虫叮咬很不舒服，它还传播疾病、威胁健康，但是总觉得自然界中的生物链在维持着平衡，消灭掉80%的蚊子，它会不会失控，而破坏掉大自然中正常的生态平衡。有这种可能吗?

方舟子：蚊子的种类是非常多的，我们只是针对传播疾病的蚊子，它也不会对整个生态产生什么影响，因为蚊子种类太多了，有好几千种，不可能把它灭绝的，最好的灭蚊效果也只是达到某一种蚊子的80%。

陆梅：这个过程中需要通过精准精确地控制。

方舟子：对，并且转进去的基因也要评估，因为蚊子要叮人、要吸血，因为基因要生产蛋白质，蛋白质会不会对我们人体有影响，都要经过评估。

陆梅：那我就放心了。

没有转基因，世界会怎样？

提要：

如果没有转基因技术，我们的生活会受到很大影响，食物会变得非常的贵，整个饲料产业会受影响，同时环境会遭到很大的破坏。

各类药品，包括疫苗、干扰素和抗生素，多数都依赖于转基因技术，没有转基因手段，我们从预防到治疗疾病都将没有多少办法。

陆梅：既然咱们今天坐下来进行理性研讨，能不能做一个假设，如果未来没有转基因，或者说基因工程就此被彻底禁止，那我们的生活将会发生怎样的改变？

方舟子：如果没有转基因技术，没有遗传工程的技术，我们的生活会受到很大影响，很多作物没了，或者就是变得非常的贵，大家要回到以前胰岛素非常昂贵的时代。类似的还有干扰素，也是用这种方法生产的。

粮食生产方面，有很多农产品和食品的价格就会上去。这是因为用了转基因作物以后，生产成本降低了。为什么我国要从美国、巴西进口转基因大豆？就是因为成本低，比我们中国自己种的非转基因大豆成本要低得多，即使考虑到美国的高人力成本因素及运输费用，他们的大豆成本依然比我们低。如果不允许进口转基因大豆，改吃非转基因大豆，一是没有那么多大豆可吃，二是大家可能会吃不起；另外，整个饲料产业会受影响，因为进口转基因大豆除了用来榨油，豆粕还用来当饲料，如果没有这些豆粕，整个饲养业、养殖业都受影响，大家肉都吃不起了。

还有，种植了抗虫、抗除草剂的转基因作物，可以减少农药的使用，对整个环境保护是有好处的，我们现在如果不用的话就要重新开始喷洒农药，会对环境造成很大的破坏。

戴景瑞：转基因可以大大促进社会发展，促进生产力提升，如果全面禁止这项技术，至少我们的生产力水平要受到影响，社会发展要受到很大的阻碍。

王晨光：我们知道，一百多年来人的平均寿命从30岁左右提高到了现在的80岁左右。目前各类药品，包括疫苗、干扰素和抗生素，多数都依赖于转基因技术，没有转基因手段，我们从预防到治疗疾病都将没有多少办法。可以推测，如果没有转基因技术，现在人的平均寿命会回归到以前的那种水平。

陆梅：社会上许多针对转基因的质疑声，往往是基于他们对转基因不够了解，觉得转基因十分神秘。今天三位嘉宾给我们讲述了与转基因相关的科学知识、事实与观点，为我们深入分析了转基因的来龙去脉，澄清了社会上关于转基因的很多误区。再次感谢他们三位！

第二章

转基因：食用安全的是与非

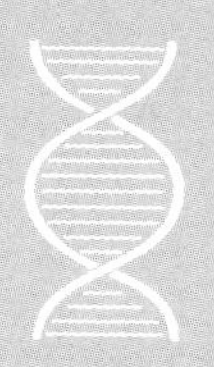

主持人：

陆梅

央视七套主持人

访谈嘉宾：

陈君石

国家食品安全风险评估中心研究员、
中国工程院院士

罗云波

中国农业大学食品科学与
营养工程学院教授、院长

姜韬

中科院遗传与发育研究所
生物学研究中心高级工程师

关于转基因，为何谣言满天飞？

提要：

转基因食品具有食品安全问题。

就我个人对转基因食品的了解，其安全性还高于同类的非转基因食品。

从工程学角度，转基因的安全性和楼房的安全性一样，是设计出来的，而不是靠事后验证来保证。

转基因谣言不仅在我们国家阻碍了科技的进步，阻碍了新技术的推广，在非洲则是实实在在造成了人道主义的灾难。

陆梅：大家好！欢迎来到《基因的故事》系列访谈第二期。

今天非常荣幸地邀请到三位专家，首先向大家介绍三位专家。坐在我左边这位是陈君石先生，国内著名食品安全和营养科学方面的专家，中国工程院院士，掌声欢迎陈院士。第二位是来自中科院遗传所的高级工程师姜韬老师。坐在我右边这位是来自中国农业大学食品科学与营养工程学院的罗云波教授！

今天要请各位来探讨一下转基因的食品安全问题。首先请三位用一句话告诉大家，你们对于转基因食品安全性的看法。

陈君石：我不认为转基因食品具有食品安全问题。从食品安全专业角度，所谓食品安全就是食品当中有毒有害物质对消费者健康造成不良影响的问题。从转基因的性质来看，它只是一项技术而已，显然不符合这个概念的定义。同时到现在为止，任何人都没有告诉我们转基因食品里面有哪些有毒有害的物质。

陆梅：陈先生不认为转基因食品具有食品安全问题。罗老师，您怎么看?

罗云波：我对转基因食品了解比较多，我研究的就是转基因食品的安全性，如果让我来说转基因食品的安全性，我是这样定义的：通过我们严格安全评估的、允许上市的转基因食品是安全的，完全可以放心食用；而且就我个人对转基因食品的了解，其安全性还高于同类的非转基因食品。

从科学上，我们常常表述为“它的安全性不会比普通食品低”。

姜韬：从工程学角度，转基因的安全性和楼房的安全性一样，是设计出来的，而不是靠事后验证来保证的。

陆梅：三位一致认为转基因食品的安全性是有保障的，是没有问题的，但是令我疑惑的是，在过去很长一段时间里听到的，都是转基因食品不安全的、质疑的声音，甚至认为转基因食品是恐怖的。为什么在社会中有这么多质疑转基因的声音？首先让我们一起来梳理一下过去几年社会上广为流传的一些关于转基因的传言。

第一条，广西大学男生一半精液异常，传言当地早已种植转基因玉米。

第二条，转基因玉米种植让山西、吉林老鼠绝迹，母猪产仔减少。

第三条，转基因大豆中的不明病原体导致5000万中国人不育。

第四条，中国消费转基因大豆油的区域是肿瘤发病集中区。

第五条，转基因已经杀死中国一半以上的人口，现在中国人口实际上已经不到7亿了。

第六条，转基因大豆浸泡不发芽，人吃了会绝育。

第七条，转基因是共济会用来减少人口的重要武器。

第八条，斯诺登爆料转基因战才是对华绝杀。

第九条，非洲人宁可饿死也不吃转基因食品。

我们一共看了九条转基因食品的危害传言，大家看到这些传言是不是会觉得触目惊心，感觉非常严重？在座的各位朋友，怎么听了这样令人胆战心惊的传言，反而会有人发笑呢？看来在场的观众朋友也觉得这些话不大可信，但我想既然它已经产生了，而且很多人口口相传，微博上、微信朋友圈中，看到这些传言的频率还挺高的，因此还是想请三位嘉宾给我们点评一下，对这九则传言的看法，陈先生能不能给我们说说？

陈君石：最好是让他们两位说，我对这些实在不感兴趣。百分之百的谣言。

罗云波：陈院士说得很好，这是百分之百的谣言。谣言总有一个出处，它是怎么来的？实际上这些谣言，我以前也看到过，而且很多人也问到过，因此我们也做了一些了解。

第一个是广西抽检男生的这条谣言，它定义广西早已种植转基因玉米。深究发现，广西引进的是美国的玉米品种，属于迪卡系列，是常规育种品种，被反对转基因的一些人歪曲为转基因玉米；同时，广西医科大学的确有一个教授做了一个实验，调查了广西大学生男生的精子，发现精子的活力下降了，他原本想谈的是，现在很多同学，尤其是男生，经常熬夜打游戏、看球赛，同时学习压力很大，可能会导致精液质量下降。他想表述的是这么一个事实，却被反对转基因的人把这两个事情嫁接在了一起——事实上完全是风马牛不相及的两件事情。

陆梅：下面几条传言我们想请观众席里的一位人士来给出阐释。给大家介绍一下，今天来到我们访谈现场的还有一位是北京理工大学的经济学教授胡瑞法老师。

胡瑞法：前面两条都是号称和转基因玉米有关的，可笑的是，他们说转基因玉米让山西、吉林的老鼠灭绝，同时我查了广西的情况，广西从上世纪90年代中期开始，鼠害就非常严重。为什么转基因玉米在一个地方导致老鼠灭绝，在广西却导致鼠害没办法控制？

罗云波：所谓因为种植转基因玉米而导致山西老鼠绝迹的传闻出来后，农业部还组织了专家专门到山西、吉林两个地方去调研，我们所的黄昆仑教授还参加了这个专家组，得到的结论是最近一些年老鼠确实是减少了，但是减少的原因，最主要的是现在储存粮食的方法在各个地区得到了大大的改善，过去储存粮食用的都是土窑、土窖，老鼠很容易进去。现在的粮库都是钢筋水泥做的，老鼠钻不进去，饿死了一部分，这是很大的一个原因。

他们所谓的转基因玉米，说的是先玉335品种，你到美国的玉米品种名单里面去查看一下就知道了，它就是一个典型的常规玉米杂交品种，不是转基因玉米。而这些谣言指控的就是先玉335是转基因玉米。

陆梅：经过实地调研把真实情况挖掘出来之后，这些传言就显得格外可笑。但对于普通百姓来说，这些“新闻”有时确实耸人听闻，尤其第三条还说，转基因大豆中的不明病原体导致5000万中国人不育了。

罗云波：我觉得是否真的导致5000万中国人不育，中国疾控中心最有发言权，陈院士可以据此做一个报告了。

陈君石：都没听说过这事。

陆梅：再来看看下面几条。说转基因大豆不仅导致不育，同时吃转基因大豆油地区还会成为肿瘤发病集中区域，还有转基因已经杀死中国一半以上的人口了，现在中国的人口实际上已经不到7亿了。这个事儿好像不用专家，我就能做一个基本判断，好像身边的亲朋好友们都还挺健康的。

罗云波：一家摊上一半死亡就是很严重的问题了。

陈君石：说转基因大豆的消费和肿瘤发病的集中有关，这个我说两句。转基因大豆油的消费很普遍，你很难说哪里不消费转基因大豆油，都有卖的。但是肿瘤的集中发病区域是有调查的，也就是说任何一种肿瘤，确实都有分布图。我就没有看见一张进口转基因大豆油的消费的地图和这张肿瘤分布图是吻合的，这个完全是谣言。

陆梅：陈院士刚才都不屑评论这些谣言，讨论当中终于忍不住了。第三条又说，转基因大豆浸泡都不发芽，人吃了会绝育，很多条都是针对人的繁衍、生育。

胡瑞法：“中国消费转基因大豆油的区域是肿瘤发病集中区”，这是黑龙江大豆协会的副秘书长提出来的，他说黑龙江等省是以消费非转基因大豆油为主的，河南等省是以销售转基因大豆油为主的。但实际上，依据2012年所发表的肿瘤年报，他所谓的肿瘤高发区，恶性肿瘤的实际数字比肿瘤低发区的实际数字还低。

姜韬：转基因的谣言在世界上传播，不同的地方会有不同的特色。比如非洲那边的谣言会说吃转基因食品，得艾滋病的几率大大增加，这是因为非洲人对艾滋病恐惧。中国人认为不孝有三，无后为大，转基因的谣言就着重于宣传“不孕不育”。就算是转基因真的不安全，其危害也不可能依据食用者的文化特性而发生变化。所以从逻辑上也可以看出来，这些是彻头彻尾的、蓄意制造的谣言。

罗云波：不孕不育这条是中国人最脆弱的神经，大家碰一下就会非常气愤。所以老鼠死绝了，大豆不发芽了，吃了不能繁殖的植物，人也不会长了。其实转基因大豆依然是可以发出豆芽的，差别最多是豆芽长得好与坏而已。现在的种子都有知识产权保护，任何杂交种也都不会让你自己能够留种，它就是这样设计的，并不是只有转基因的种子才这样。转基因技术本身并不会改变作物的繁育特性，杂交才会改变。

陆梅：提到非洲，刚才第九条就说，非洲人宁可饿死也不吃转基因食品。

姜韬：转基因的谣言不需要九条，只要有一条是真的，转基因这个事情就不用搞了。

这条谣言源于非洲的一次饥荒，当时国际上有大量的援助，其中有三分之一的粮食来自美国，非洲国家一开始都是接受的，后来吃了没多久，谣言就传过去了，有些具有极端环保理念的所谓NGO（主要是绿色和平组织和国际地球之友）就开始策动，他们向总统宣传转基因的所谓危害，结果那些总统就说我们不再吃了。津巴布韦、赞比亚出现了老百姓争抢转基因食品的情形，他们说我们都快饿死了，哪还管它有毒没毒。

这个事情告诉我们，这个转基因谣言通过总统发挥了很坏的作用，我们不能低估谣言的危害。

罗云波：尤其总统说，宁可饿死也不吃转基因食品，这个对本国的国民是很不负责任的。

陆梅：当时总统发表这样的言论，会不会让他的国民造成很大的损失？

姜韬：损失很大。当时赞比亚一个月大约有3.5万人饿死，造成了很严重的问题。所以我们说，转基因谣言不仅在我们国家阻碍了科技的进步，阻碍了新技术的推广，在非洲则是实实在在造成了人道主义的灾难。

陆梅：现在国内还流行一种说法，说转基因食品不安全，危害大，但凡中国重大活动、赛事，比如奥运会、大运会，还有世博会，包括之前举行的G20峰会等，这些高大上的会议活动是坚决杜绝转基因食品的。我不知道这个事情是真的吗？

罗云波：这真的是谣言。2008年的奥运会，我跟陈先生都是奥运会食品专家委员会的成员，对食品的筛选主要看它是否符合国家相关的法律法规和标准，没有哪一条说转基因食品不能进入奥运会的餐桌，只是说需要知道每一个食物的来源、可溯源。这种谣言披上了大运会、奥运会的外衣，强行嫁接是非常有害的。

陈君石：奥运会的食品采购有一系列严格的规矩，但是采购的要求里面就没有一条说转基因的不采购。从当时采购的大豆油来讲，应该大多数都是转基因的。

罗云波：刚才提到的一条谣言，关于斯诺登那个爆料，这个在微信朋友圈里还经常会出现，我觉得这个也很可笑。

为什么可笑呢？美国是全球转基因食品消费最多的国家，也是全球新的转基因食品推出最快的、最积极的国家。如果它要用转基因食品来毒害中国，就首先得把自己杀掉了。

陆梅：两位奥运会食品专家委员会的专家做出了有力的证明，奥运会并没有排斥转基因食品，可见至少奥委会对它的安全性是有信任度的。除此之外，还有一些流言，听到最多的就是转基因危害孩子。孩子是咱们祖国的未来，不知道现场的朋友有没有听过，之前有人说，农业部的幼儿园不允许用任何转基因食品。不知道三位专家对这个说法怎么看？

罗云波：农业部机关幼儿园确实曾经发过一个不让采购转基因大豆油的告示。但是我想说，对转基因的疑问，在公众当中是很普遍的。农业部的一个采购员也好、园长也好，有这个疑虑是可以理解的，幼儿园的园长或者采购员的言论能不能代表农业部？能不能跟农业部对转基因的态度挂起钩来、画等号？即便是农业部里面的工作人员，我想对转基因的理解和认识也不一定就那么正确。

所以，我们不必回避这个问题，但是这个事情并不代表农业部对转基因的态度。农业部反复强调我们的转基因的监管是可靠的，我们批的转基因食品是安全的，这是官方的发言，跟幼儿园办事人员发的一个告示不可同日而语。

陆梅：当时我们也对这个事情做了一些了解，最初发表这一言论的是农业部幼儿园负责食品采购的一个工作人员。咱们知道幼儿园当中的小朋友会百分之百信任幼儿园里的阿姨和老师，但我们这些有着自己的知识结构、判断能力、思考能力的公众，是否也要如同幼儿园小朋友一样全盘相信一个负责食品采购的工作人员的言论，这是值得我们思考的一个话题。

转基因食品比同类传统食品更安全？

提要：

转基因的安全性绝不像有些人想的那样靠事后检测来保证，而是研发的各个阶段都有安全性的考虑、有安全性的保证，因此才可以说，转基因的安全性实际上是设计出来的。

很多普通食品，如果按照评价转基因的标准来进行评价，可能是经受不起考验的。

陆梅：之前农业部的寇建平处长说过这样一句话："转基因是否安全，不是隔壁王大妈说了算。"这句话非常有名。我觉得转基因食品安全与否，不仅是隔壁王大妈说了不算，即便是相关部门的领导官员说了也不算，甚至国家的领导人说了也不算。真正能确定转基因食品安全性到底有没有保障的，应该是这个领域的科学家。我觉得这才是正确的态度。

今天三位科学家对转基因食品的安全性做了一个定性，尤其姜韬老师您的话引起了我的兴趣，您说转基因食品的安全性是预先就设定好的？能不能就这个事情给我们深入介绍一下？

姜韬：在座的这两位专家是做转基因检测的专家，转基因研发的过程中有很多科学家参与，从他们的角度，研发之初就已经在考虑安全问题了。首先我们选的基因一定是从其他物种的DNA上克隆出来的，并不是科学家直接在纸上画出一个基因来。这些基因拿出来以后要进行认真地设计和调整，比如我们从细菌借来有用的基因，植物原来没有，但是借过来以后要翻译成植物的基因，加上只有植物能够识别和表达的序列与有关的元件，这个就是工程学的基本原理。

科学家必须要对这个基因非常了解，非常清楚，不了解的基因只能做实验室的实验用，不能做转基因的基因。我们看这个基因对植物有什么影响，那些不太正常的基本上就淘汰掉了，不会存活。既要满足自然选择，同时也要满足人为的选择，这都是安全性的筛选和调整。符合我们的调整以后，我们拿去进行审批，审批通过后还有一个验证过程。

所以我说，转基因的安全性绝不像有些人想的那样靠事后检测来保证，而是研发的各个阶段都有安全性的考虑、有安全性的保证，这样才可以说，转基因的安全性实际上是设计出来的。

陆梅：在问世之前就做了大量的设计、实验和论证，正如刚才罗老师所说，似乎它比咱们的纯天然食品更安全。

姜韬：罗云波教授讲的我非常同意，它比很多天然食品安全得多，因为我们对它的变动是清楚的。其他的育种方式，像杂交、辐射育种（包括太空育种），这些育种方式对基因组的改变我们是很难搞清楚的，因为它们会导致几百、几千甚至上万基因组的变化，而转基因食品只做了一个或几个基因的转变。联合国粮农组织要求转基因必须清楚序列的变动，而我们现在搞的杂交育种、太空育种和辐射育种都完成不了这一条。

陆梅：就是说，它的变化是可控的，而且是非常精准的。

罗云波：一个是姜韬老师谈到的，是受体这个层面变化可控。另外一个是验证这个层面，即在做安全评价的时候，需要有非预期效应的评价。转这个基因是为了干什么？它是不是干了别的事情？它是不是老老实实待在我们需要它待的地方？有没有影响别的基因发挥作用？这些都是要进行验证的。

另外，我们还有毒理学的实验，它有没有毒，急性的、慢性的都要进行实验。我们还要评估它是否会产生过敏，基因转移进去了，它产生一个新的蛋白，这个蛋白对人有没有致敏性，也要验证。

所以从总体上来说，评审过程中的验证是非常全面和完整的，很多普通食品，如果按照这样的标准来进行评价，可能是经受不起考验的。我为什么说转基因食品在我看来可能比同类非转基因食品更安全？是因为我做这些，我了解。

为什么杂交育种大家欣然接受了？杂交育种的诞生是出现在粮食匮乏的时期，大家饿着肚子，觉得杂交育种是更好的育种方式；事实上，杂交育种真的出现过事情，在美国，杂交土豆就出现过安全问题。诱变育种，是通过辐射或者化学诱导让基因进行突变，这个突变也是很难控制的，只能从成千上万个突变体当中选一个好像还可以的，但是这个选择很大程度上仅仅是从它的外观进行性状选择，其实际基因变化我们并不一定掌握。

所以，相比其他育种，转基因、基因工程是一项精准的技术，是更可控、更安全的育种方式。

姜韬：而且也高效，比原来传统的育种方式效率高很多，原来是8到10年，现在一年就可以产生新的品种了。

陆梅：一举多得，无论是前期的设计还是后期的跟踪观察、论证，都是全面的，有很多不同领域的科学家经过很多道工序进行科学的保障。正是因为有这样的过程，所以陈院士才得出这样一个结论：转基因食品无关食品安全问题?

陈君石：是的，转基因的安全性不是隔壁王大妈说了算，那就是科学说了算，我们从科学上保证了它的安全性。政府部门在方方面面都有很严格的把关。而且，不管是什么样的转基因食品都有统一的要求，所以才有这么一句话：只要是政府批准的，就意味着从设计开始到最后的检验，通过这么多科学家的论证，都认为是安全的。

陆梅：之前我们的节目已经谈到过，转基因作物在转入了抗虫基因之后，防止了被虫咬，首先规避了虫咬之后会引发霉变产生生物毒素的问题，同时人类也不需要或更少对它施用各种化学药剂了。

罗云波：对，这样转基因的农作物，比如抗虫的农作物，它对于普通消费者的好处在于，至少农药残留会少很多。有的由于转了抗虫的基因，可能少用药甚至不用药，这样减少了农药对我们健康造成的风险。

另外，刚才您说到，由于把虫治住了，玉米不被虫咬，不会产生生物毒素。玉米的生物毒素，像常见的黄曲霉素、赭曲霉素，每一个都是要命的，会产生内分泌干扰等危害。相比较而言，所谓的不打农药的有机玉米，反而是很危险的。抗虫转基因玉米则不存在，或更少存在这方面问题。

姜韬：尤其是储存过程中出现的问题。

罗云波：有机的玉米不打农药就更容易被虫咬，咬了之后会从伤口产生一些次生危害，生物毒素滋生的可能性要比没被咬的大很多，相比之下，我还情愿吃一点农药残留的玉米，而不吃有机玉米。纯天然的东西并不一定就是安全的。

陆梅：除了不施农药之外，我也知道很多天然食品本身是有一定毒性的，比如咱们非常熟悉的豆角类，还有像茄类，本身可能就有一些危害人体健康的成分，所以咱们在食用之前还是要采取一些手段来规避这些问题。

姜韬：这个很重要，我们吃的食品是经过人类驯化的，但有的还没驯化彻底，你说的豆角是一类，还有山药，洗的时候不拿开水烫一下，会让你特别痒；此外，大豆含有雌性激素，蕨根粉则含致癌物。所以大家不要觉得我们理所当然应该吃天然产品，越吃天然的产品越危险，我们只能吃祖先们几千年改造过的食品才是安全的，人为种植的农作物才是安全的。

前两年还有报道，有驴友迷路了，因为饥饿难耐而吃了野芹菜，结果死了两个人。天然的植物没有国家标准，也从来没有经过检验，不能随便吃。现在人类的消化系统，已经在人类社会条件下演化发展，在人类社会条件下是很安全的，到了野外则是很危险的。

陆梅：大家很容易走进一个误区，都认为食品安全管理没有以前好。其实30多年前，我们都是用有机方式来种植，给植物上农家肥，结果一上农家肥最后导致一个什么事儿呢，让很多孩子得上蛔虫了。

姜韬：对，有机肥里面容易有寄生虫的虫卵，农家肥要经过处理和熟化才可以用，如果没有经过处理，把粪便直接浇入菜地是很危险的。随着科技的发展，食品安全的问题不是变糟了，其实是变好了。最可靠的数据就是我们寿命的增长。

罗云波：大家很怀念过去，说那个时候我们吃的都是有机食品。其实那个时候小孩要吃饱都很难，并且吃的东西很不安全。现在已经基本上不吃那些用农家肥浇灌的蔬菜水果，食品安全管理还是有进步了。

陆梅：我的理解，现在随着物质生活水平的提高，公众对于食品安全问题更重视、更关注了，这从一定程度上来说也是一件好事，也是今天我们坐在这儿探讨这些问题的原因所在。但是具体应该怎么样来关注它，怎么样来正确理解它，则还是要尊重科学。

为何有科学家说“转基因”不安全？

提要：

这些所谓转基因食品不安全的论文，至少有一半都跟绿色和平组织有关联。

要想说转基因食品不安全，只要一篇站得住脚的文章就足够了；但到目前为止，一篇都没有。

陆梅：刚才陈院士说，转基因食品安全不安全，应该听科学家的。我特别同意您的观点，但是我们也发现，确实也有一些科学家，他们会以正式论文的形式，在一些学术期刊上公开发表一些针对转基因食品安全性的质疑，不信咱们来看几条。

“2005年，俄罗斯科学家实验发现食用转基因大豆的小白鼠一半以上死亡。

“2008年，绿色和平组织根据奥地利一个兽医的研究发表了《最新科研证实转基因玉米影响生育能力》的博文。

“2012年，法国科学家再次宣布转基因玉米致癌。

“从2004年开始，美国国家科学院多次论证了转基因食品有害健康。

“联合国粮农组织官员宣告转基因食品不安全。”

发布这些言论的是俄罗斯的科学家、法国的科学家，甚至联合国粮农组织也发出了一些声音。

陈君石：最后那条不是客观存在的，联合国官员没说过，那是个谣言。

姜韬：上面一条，“2004年开始，美国国家科学院多次论证了转基因食品有害健康”，是一个叫“直言了”的人士发的；下面一条，“联合国粮农组织多次提到转基因食品有危害”，则是一个长期反转的记者发的。从他们拉这些权威组织的虎皮来看，可以这样说：虽然他们持反对转基因的观点或者立场，但他们还是认为转基因食品的安全性应该是由权威机构说了算，说明在这一点上我们还是有共识的。

陆梅：这些里面本身也有谣言，太好了，赶紧请三位专家给我们逐一解读一下。

胡瑞法：所谓“联合国粮农组织官员说转基因是不安全的”，我们追查了这个说法的来源。有一次，一些反转人士在中国开了一个会，请了一个新西兰的专家，叫杰弗瑞，另外一个专门负责造谣的记者就报道称杰弗瑞是联合国粮农组织官员，实际上这个人根本不是联合国官员，他只是曾经做过FAO（联合国粮食及农业组织）关于生物多样性的项目顾问而已。这类顾问可就太多了，可能在座的三位嘉宾都曾经做过类似的顾问，我本人也做过联合国粮农组织的项目顾问，哪就能代表联合国粮农组织？所以请大家注意，这完全是一个谣言。

罗云波：一个科学结论怎样公布、怎么让大家认同是科学结果，首先要在专业杂志上正式发表，发表之前它要经过同行专家的评议。

级别越高的杂志，同行评议越苛刻。

第一条，俄罗斯科学家云云，这只是一个记者对一个俄罗斯科学家的采访，科学家如果不以论文的形式来发表自己的科学结论，这种采访给出的结论就跟隔壁王大妈说没有什么太大差别了。

另外一个是一篇博文，自媒体时代，人人都可以发表意见，只不过是绿色和平组织对此感兴趣而已。

第三条，法国科学家宣布转基因有害，那个科学家叫塞拉里尼，他的确在国际毒理学杂志上发表了文章，因为是正式发表的科学结论，引起了科学界的轩然大波。关于转基因安全性的研究，浩如烟海的论文基本都指向转基因没有问题，突然出了转基因玉米可以让老鼠致癌这么一个结论，的确引起科学界的震动。

首先是欧盟的科学界，“欧盟食品安全委员会”组织专家对这篇论文进行了调查，最后得出的结果是，他的实验结果不能够支持他所下的结论，论据不足以支持他的论点。欧盟科学界发表声明，给这本科学杂志很大压力，后来它也组织专家进行调查，撤掉了这篇文章。

巧合的是，正好我们实验室也有一篇文章发表在这一期上面，是相似的一个安全性评价实验，结论跟塞拉里尼的恰恰相反。

后来这本杂志的编辑部跟我们说，你们团队能不能以读者来信的形式给公众点评一下法国科学家的实验结果。

实际上，我们也认真读了他的实验报告，最主要的有几点。第一，他选的实验鼠不对；第二，实验的时间拖得太长，这种老鼠两岁，相当于人的八九十岁，已经到了癌症高发期，并且这种老鼠本身是很容易得癌的品种。另外，他的样本太少，重复不够，还缺乏对照组。

最后，欧洲科学家去调查他的原始数据，请他解释为什么缺失对照组，结果把原始数据提出来之后，发现对照组的老鼠得癌症的更多，也就是说，吃了转基因食物的反而得癌症少了，没有吃转基因的得癌症多了。

姜韬：一个是23%，一个是30%。不吃转基因玉米的，反而容易得癌症。

罗云波：欧洲食品安全局还给了这个法国科学家以个人申诉的权利，听了他的申诉以后，还是决定发表声明说他的实验不代表欧洲科学界，他的证据不足。而这本著名杂志也让他撤稿，最后是以撤稿作为收场。

这个事件被反转基因的人反复拿来作为证据，我们应这本杂志编辑部的要求写了评论，最后那封信我是逐字改过的，编辑部以读者来信的形式发表在杂志上。

陆梅：今天现场观众非常有幸，听到亲历这个事件的专家给我们揭秘，不然像我这样不明真相的群众，特别容易被这个恐吓住。

姜韬：另外，美国科学院多次论证转基因食品有害健康，这个纯粹是谣言。恰恰相反，2016年美国科学院又发布了报告，说转基因食品是安全的。

罗云波：很多谣言发布以后，公众没法求证，就相信了。实际上如果你愿意去求证，就可以在欧洲食品安全学会的网站上把事情的来龙去脉全部挖出来。

陆梅：确实，不是所有公众都有这种能力、这种渠道、这种时间和耐心去一一求证，这就特别需要科学家在适当的时候多向大家做一些关于转基因的科普。

姜韬：日本科学家，以及我们国家的杨晓光研究员也做过长期毒性研究，都证明它是安全的。

一个科学家如果按照原先大家所做实验一样的步骤，却得出一个迥异于之前的结论，通常这个实验就很难被重复，结论更可能是错误的。如果能够找到以前实验的哪个环节有问题，突破了现有的框架，那么新的结果才应该被真正重视。我要不是做转基因科普，就根本不会去看塞拉里尼的文章，因为我们更相信科学共同体[①]的可靠性。希望公众以后也不要在已有的框架中出现的另类结果上面浪费时间。

还是那句话，要想说转基因食品不安全，只要一篇站得住脚的文章就足够了；但到目前为止，一篇都没有。

陆梅：今天现场的北京理工大学的教授胡瑞法老师对转基因论文的情况非常了解，能不能给我们分享一下您调查的结果？

胡瑞法：我们读了国际上所发表的、关于转基因的有结论的全部

---

① “科学共同体”是由科学观念相同的科学家所组成的集合体，其概念由英国科学哲学家波拉尼(M. Polanyi)在《科学的自治》一文中提出。科学共同体的准则是：普遍性、公有性、大公无私和有根据的怀疑态度。——编者注

SCI论文，共有9333篇，这9333篇文章里，有实验数据的论文只有3667篇，包括塞拉里尼的文章。

我们发现，仅十几年来，每过一段时间总会出现一篇或者几篇有关转基因产品不安全的论文，这些论文一出现以后，马上会引起轰动。但是经过一段时间，少则三个月，多则半年、一年，这些论文就会被科学界否定。

否定的原因主要有两个，一是实验材料的问题。像刚才罗教授说的，像塞拉里尼选择的那种大鼠，超过两年以后，几乎都会得癌症，形不成有效对照，所以不应该用这种材料。另外一个是方法问题。像刚才姜韬老师说的，实验必须要有对照，好比转基因的大豆和非转基因的大豆，一定要设对照组。

9333篇论文里面，关于转基因食品安全性的研究有300多篇，这300多篇里面得出来不安全结论的总共有32篇论文，这32篇论文里面，其中毒理学研究的论文总共有24篇。这24篇论文大约有一半来自同一个团队，就是塞拉里尼和马拉塔斯塔发的。我们也查了这个团队的背景，是绿色和平组织资助的。

陆梅：谢谢胡老师的介绍。也就是说，这些所谓转基因不安全的论文，至少有一半都跟绿色和平组织有关联。可能有很多公众对这个组织不陌生，因为不久前有一件轰动的事情，110位诺贝尔奖获得者联名致信绿色和平组织，敦促他们停止反对转基因的行为，尤其是针对黄金大米的污蔑行为。绿色和平组织可以说是全球反对转基因的核心力量吧?

胡瑞法：他们在背后应该起到了很大的作用，当然还有其他的利益集团，比如一些有机食品的经营公司。

我们对国内网络和媒体观点也进行了追溯，发现有一半以上的反对转基因信息、谣言来自一个点，就是和讯博客的一个博主，叫作直言了。

这个人到底是男是女还是一个团队我们还不清楚。从2010年的2月到2016年的3月7日，这个人一共发了450篇关于转基因的帖子，这些帖子总共有这四类。

一是通过篡改相关国家的科学报告和权威机构的学术结论，制造转基因不安全的谣言，比如造谣说联合国粮农组织、世界卫生组织认为转基因不安全。

二是歪曲国家政府文件，以相关政府的证词制造恐慌。像刚才说的斯诺登报告，这个源头就是它。

第三，蛊惑公众反政府、反科学家。我们最高领导人，包括习近平、李克强、温家宝都是被他指责的，他们的讲话都被他点过名。农业部主要官员就更不用说了，是他口中最大的汉奸之一。

第四，恶意挑拨军方、政府部门之间的关系，干涉国家各个科学部门的科学决策，这个有一系列的证据，发了一系列的帖子。

比如这一条，“从2004年，美国科学院多次论证转基因食品有害健康”，直言了发了很多帖子，以前是在强国论坛上发的，最后强国论坛把他给封了。从2005年开始，它在和讯博客上注册了账号，就叫直言了。

2015年2月23日他又发表了一篇文章，说“转基因食品走向破灭”，号称引用了2014年11月28日美国科学院发表的转基因食品安全性的报告。这篇文章说，美国科学院列举了“审核转基因食品产品的时候所发现的异常”，包括“食用转基因玉米的老鼠出现行为异常，在美国农场里面出现不孕或者假孕”“食用转基因的牛在美国出现非正常死亡”，还有英国人食用转基因大豆油以后有50%出现非正常生长等等。为此，我们把美国科学院的报告全部读了一遍，里面没有任何一条如其所说。但是这篇文章在国内引用非常多，源头就是直言了。

罗云波：我们也看过这个报告，他完全是无中生有，借美国科学院报告的名头，对公众来说是很严重的一种欺骗。

胡瑞法：事实上，美国科学院这个报告里面反而列举了很多用常规方法培育出来的品种对人类产生危害的例子，比如杂交育种出来的马铃薯、番茄和芹菜，曾经致人过敏、中毒。这些品种已经研制出来，但是没有经过检测。

谁在妖魔化转基因？

提要：

转基因技术使得农业生产的效率大大提高，意味着成本的降低和效率的提高，具有很强的竞争力，会使得原有市场的拥有者极力反对。所以反对转基因最厉害的，很多有绿色、生态、有机这些商业背景。

一些声音可能是为了阻碍中国的发展，扼杀我们原本很好的发展机遇，让我们沉没在无休止的怀疑、争论、吵架中而错失良机，这是我们要警惕的。

陆梅：感谢几位老师给我们提供这样客观的调查结论。我想问一下三位，这些对转基因产品进行妖魔化的炒作，他们为什么要这样做？

陈君石：主要是为了商业利益的竞争，我一定要把你打倒，我这个产业才能起来。转基因是一种技术，也是一个产业，那么农业方面还有其他的技术和其他的产业，这当中就有利益的冲突，从而造成了这么一种情况。

它的基础在于老百姓不知情，它钻了这个空子。假如让老百姓很了解，它就兴不起风浪。

罗云波：最主要还是商业利益因素。一项新技术的出现，它总要打破一种模式和平衡。尤其是转基因技术使得农业生产的效率大大提高，意味着成本的降低和效率的提高，具有很强的竞争力，会使得原有市场的拥有者极力反对。所以你可以看到，反对转基因最厉害的，很多有绿色、生态、有机这些商业背景[①]。

他们可能会说，既然谈到利益，科学家研发转基因产品也存在利益因素，推动转基因的发展跟科学家的一些利益也是挂钩的，我觉得这个说法不完全对。

首先，科学家辛苦工作，就是要使自己的科学成果造福人类，这是他实现人生价值的一个途径，未必存在直接利益。拿我来说，我清楚转基因是安全的，但是作为一个检测者，我的工作是做转基因安全评价，如果从自身利益出发，我应该期望转基因有问题，这样我就有事情可做，可以从检测当中得到好处，更多的从事检测的人会从中得到利益。实际上当然不是这样的，大家还是希望转基因技术能够为我们国家、民族和社会进步做出贡献。

姜韬：罗老师说得非常好，我非常赞同这一点。科学共同体向大家提供一些知识，而且科学共同体不是封闭的，都有临近的共同体进行监督，包括利益制衡，这也是转基因食品安全的一个重要保障。所以请大家放心，现在有很多专业的科学家在替你们监控转基因的安全性，如果转基因不安全，他们就可以做出学术贡献了。

---

① 曾经发生过竞争对手雇用公关公司诋毁金龙鱼转基因大豆油事件，发帖者最终获刑；这方面的另一个经典案例是黑龙江大豆协会副秘书长王小语公开发帖造谣转基因大豆油。——编者注

陆梅：就是说，科学家中有不同角色，利益并不一定完全一致，甚至相互之间存在利益矛盾。

罗云波：是的。除了利益作祟，另外还有一些人是由于持不同政见，政府说东，他一定要说西，要跟政府反着来，从而造成社会的不安定。

中国生物技术的发展，是作为大国崛起的一个很重要的部分，也是一个机会。21世纪，基因技术对人类的健康、环保、能源、营养等都有很重要的作用。从战略角度看，有一些人可能是处心积虑来限制中国的发展。我不主张阴谋论，但是从一些人的行为看，不得不让人怀疑有一些声音是为了阻碍中国的发展，扼杀我们原本很好的发展机遇，让我们沉没在无休止的怀疑、争论、吵架中而错失良机，这也是我们要警惕的①。

姜韬：刚才罗老师讲机遇的问题，我们国家在其他领域都发展很快，但在转基因领域，就研发的水平而言，我们是国际先进水平，但在推广方面，我们落后太多，一些产品比如抗虫水稻，研发出来后20年没有推广，这非常可惜。

转基因生物技术不同于电子和机械之类的技术，我想强调这一点。从工程角度来讲，电子和机械往往依赖于硬件的一些核心技术，这个门槛是相当高的；生物技术不是这样，我们的研发达到了高水平，推广如果跟上，马上就可以达到世界先进水平。

---

① 中国海关曾经截获绿色和平组织狙击中国发展转基因技术的计划和明细步骤。——编者注

所以刚才罗老师讲的很重要，生物技术为我们进入国际科技大国创造了一个很好的机会，如果把这个机会堵住了，对我们的影响是非常负面的。国际上一些组织是不是有阴谋的意图我们不好说，但其客观效果是肯定的，就是严重阻碍了中国生物技术的发展和推广。

陆梅：咱们分析原因，一是有些人出于商业利益，他们认为转基因动了他们的奶酪，还有一种可能是不希望看到中国生物技术快速发展。

还有没有其他的原因补充，比如会不会有些人是出于他的信仰、出于对自然的崇拜，所以排斥这些看似是人为的方式？是不是会跟一些宗教信仰有关系？

姜韬：这种情况在西方比较明显。西方一些人会有这种信仰，我不吃人为的东西，只吃上天赐予的东西。实际上纯天然的概念只有美学的价值，崇尚自然是很好的，但是不可操作，我们一定要吃祖先给我们驯化过来那些成熟的，特别经过检验的食品才安全。

东西方都还有一个文化方面的理由，即极端环保主义，以为转基因可能会破坏环境。我不知道这种担忧是从哪儿来的，实际上转基因对环境的影响比传统农业要小。

转基因为何不需要做人体试吃试验?

提要：

转基因食品没有留存任何异物在我们体内，直接代谢掉了，没有长期留存影响的物质基础，为什么还要看几十年以后有没有问题呢?

科学争论要成立至少有三个条件。第一个条件，必须是专业科学家之间、相关权威科学组织之间的争论。第二个条件，一定得是争论一个确定的科学问题，而不是一个笼统的问题。第三个条件，所有的科学争论一定会对科学的发展有推进作用，要产生新的科学知识。从这三点来看，目前关于转基因的“争论”是虚假的，这三个特点一个都不具备。

陆梅：确实，转基因的科普很特殊，会有来自不同方面的、不同原因的人为阻力。刨去今天逐一分析的谣言，现实生活当中还有很多关注转基因安全的人，会基于中立立场提出一些善意的疑问。比如经常会有人问，抗虫转基因作物，虫子一吃全死了，人要吃了这种作物，是不是也会死亡?

罗云波：这是对生物杀虫剂不了解，以为它是跟化学杀虫剂相类似的。化学杀虫剂，只要是生物基本上通杀，而生物杀虫剂，专一性非常强。

Bt蛋白在很多年前就是一种有机杀虫剂，它很安全，但是效率不高，成本却很高。于是科学家把它转移到植物里面，让植物自己产生Bt蛋白。植物自身产生的Bt蛋白，要起作用必须依赖一定的环境。比如鳞翅目昆虫之所以能被杀死，是因为其肠道环境适合Bt蛋白发挥作用。

其次，这类昆虫还需要有Bt蛋白的相应受体，这个受体就像一把钥匙开一把锁，而我们人体肠道内就没有这种受体，所以Bt蛋白对虫子有毒，对我们则是完全安全的。

毒是相对的。举一个简单的例子，我们的唾液对很多昆虫是有毒的，但是对我们是安全的，因为我们的唾液里面有蛋白酶。又比如像蛇，蛇唾液腺里面有神经毒蛋白或者溶血毒蛋白，我们一旦被咬，不处理就很危险。但是林子里面有很多动物就不怕这种蛋白。

陆梅：确实，我也知道，巧克力中有甲基黄嘌呤，人吃了可能会很愉悦，狗吃了却会中毒。既然人不是虫子，人也不是狗，那么转基因食品光做动物实验是不是就不能得出最终结论，是不是也应该在人身上做一做实验，才能得出最靠谱、最安全、最让人放心的结论?

罗云波：在药物上，我们有临床实验，对所有受试的参与者都要进行严格管控，因为要对药的效果进行分析比较；食物很难这样做。而用人来做食物的毒理学实验是没有可能性的。

所有食品都不会做人体实验。我们在实验室里面遵循“实质等同”的原则，即要求你吃的转基因玉米和非转基因玉米，它在主体成分上没有区别。我们的毒理学评价实验，都是国际上认可的、经典的毒理学评价模型，是通过科学来验证的。

姜韬：药是给病人吃的，而且要求接受试验的病人的症状是同一的。

用人来做食品的安全性实验有一个很大的伦理问题。药物为什么要做人体实验？因为药物的出发点是把有病的人治疗或者纠正成健康人，这个在伦理上没有问题。而一种食品在安全性不明的时候，你给人吃，就可能要看人出现坏的结果，这会有伦理问题。所以，既然是给人吃的食品本身就必须是好的。

人类属于体外消化。大家不要看入了口就是体内，我们整个消化道是体外，小肠的上皮也是体外。人类的小肠吸收转基因食品没有给人类带来任何新的东西，也就是异体分子。转基因食品没带来异体分子，依然还是蛋白质和淀粉，就这两个东西，这两个东西在人体里面的命运是清晰的，被消化吸收。有人经常拿DDT、三聚氰胺类比，DDT和三聚氰胺都不是我们人体内需要的分子，都属于异物。

罗云波：实际上这两点，一个就是没有必要。另外一个，从操作的角度看，所谓的人体实验也不可行。你不可能让实验对象在很长时间内只吃某一种特定的食品。

陆梅：公众可能还会有这样的疑问：科学家目前能够保证转基因食品的安全性，但是它能不能经得起时间的考验？转基因食品的安全性是不是要通过很长的时间、通过几代人的试吃来验证它？

姜韬：我们需要看清楚一个问题：转基因新在哪里？新在它是一种全新的育种手段，更加高效。但作为其结果，它生产出来的作物和食品，所包含的依然只是基因和蛋白质，并没带来任何新的东西。它跟传统的食品，消化途径是完全一样的。

罗云波：我觉得你这个解释说服不了他们，这是一个哲学问题。说今天没有问题，不等于明天没有问题；今年没问题，不等于明年也没有问题；说要看三代之后的结果，为什么要三代，而不是两代或四代、十代？还是有中国传统的观念，好事不过三，什么都以三来定。这个首先不科学。

说要长期地验证，怎么叫作长期？这是一个相对的概念，十年算不算长，二十年算不算长？我们在吵吵嚷嚷的争议过程中，转基因已经问世20年了，没有一例出现问题。再要长，一百年算不算长，一千年算不算长？在人类历史上也是沧海一粟。臭豆腐我们才吃两千年，到现在似乎还没有问题，但是一万年呢？

转基因食品没有留存任何异物在我们体内，直接代谢掉了，没有长期留存影响的物质基础，为什么还要看几十年以后有没有问题呢？

陈君石：可以从另外一个角度来讲。他们是从科学来讲，我先不讲科学道理，只做一个比较。一种新的东西出来，比如飞机，比如高铁，出来也没多少年，为什么人们不质疑高铁、不担心你坐了高铁下一代有没有问题呢？

陆梅：高铁是身外之物，转基因食品是要吃进去的。

陈君石：一样的，放射性是一样在体外的吧，危害怎么会分体内体外。我就是要平等，现在一谈到转基因就不平等了，给了特殊待遇。任何其他东西我们不担心，唯一担心转基因这个东西，没道理。

姜韬：所有人文学者对转基因持的争论，都建立在一个基础上，这个基础就是所谓“转基因的安全性现在尚不确定”。我们花了这么长的时间告诉大家转基因是安全的，结果这一句话就把大家否定了，不但否定了科学结果，还意味着所有科学家，包括今天坐在这儿的三个人都是靠不住的，科学家们还没证明这个是安全的，居然就拿出来给我们吃了。按照这样的说法，在座的农业部官员也是靠不住的。这种说法我不能接受。

罗云波：反对转基因有两种形式，一种是谣言，谣言止于智者，只要愿意去求证，你终究会发现这是一个谣言；还有一种叫谬论，谬论是需要辨识的，而且谬论有的时候很难反驳。

说转基因的安全性没有定论、说转基因现在尚存争议，这都叫谬论。的确，老百姓一想，转基因是有争议——隔壁王大妈肯定跟科学家有争议，王大妈不相信这个。如同天上打雷的时候，科学家认为这是自然现象，王大妈却说，那是有人把老天爷得罪了，天公发怒了。这样的“争议”事实上没有意义。

怎样的争议、怎样的争论才有意义？首先，争论一定要在一个水平上和一定层级上，你不能让王大妈跟科学家争论，而应该是科学家与科学家之间的争论。为什么说转基因的安全性是有定论的？是因为世界上几乎所有跟农业、医疗卫生相关的权威机构对转基因的态度都是明确的，都认为通过评价上市的转基因食品是安全的，可以放心食用，这是公认的结论。

这个结论不是某个组织拍脑袋拍出来的，而是科学研究的结果。每一个权威组织下面都有一批科学家，他们依靠强大的科学证据来评价这些产品。所以不能因为今天这个人说有问题，明天那个人说有问题，就构成争论。要构成争论，必须要有对等的机构，比如美国农业部说转基因是安全的，日本农业部说它是不安全的；或者是世界卫生组织说它安全，国际粮农组织却说它不安全，这是在一个水平上，如果真出现这种情形，你可以说转基因的安全性是有争议的。不能把一个普通百姓的怀疑跟国际组织和科学共同体的权威结论相提并论。

姜韬：科学争论要成立至少有三个条件。第一个条件就是刚才罗老师讲过的，必须是专业科学家之间、相关权威科学组织之间的争论。

第二个条件，一定得是争论一个确定的科学问题，而不是一个笼统的问题。具体到转基因的安全性，如果你给出“不安全”的结论，则一定要明确，你认为是在哪个环节上出了问题，这样才可以做科学验证。笼统的问题不是科学争论，是社会争论，或者哲学争论，这样的“争论”在科学层面没有意义。

第三个条件，所有的科学争论一定会对科学的发展有推进作用，要产生新的科学知识。

从这三点来看，目前关于转基因的“争论”是虚假的，这三个特点一个都不具备。第一，它根本不是在科学界内部的争议，而是在社会上、非专业的公众在参与。第二个，没有聚焦一个具体的科学问题，完全是泛泛而谈。第三个，这种“争论”不仅不能产生新的知识、推进科学发展，反而严重阻碍了科学的发展。

正如刚才两位老师所说的，这些表面上沸沸扬扬的争论，只是某些人或某些组织为了某些与私利有关的目的而推进的一场虚假的争论。这个座谈节目非常好，可以帮助大家来辨识这场持续多年的“争论”的真面目。

转基因食品，科学家的选择

提要：

只要是我自己买油，我一定买转基因大豆油。因为转基因油价廉物美。

转基因农产品绝对比非转基因的安全得多，起码在中国是这样。

陆梅：至少，在场的三位科学家对于转基因食品的安全性认识是完全一致的。我想问一下三位，各位平时自己吃转基因食品吗?

陈君石：我们现在市场上只有两种转基因食品，一个是转基因大豆油，一个是转基因木瓜，我都吃。

罗云波：我也一样。跟大家讲一个故事：有一天我不在家，一个记者突然叩开了我家的门，当时我爱人问，你找谁？对方说，这是罗教授的家吗？回答说“是”，其实他知道这是我家，是专门上门进行突击调查的。他直接到我家厨房检查，好在我们厨房的确用的是转基因油——只要是我自己买油，我一定买转基因大豆油。转基因油价廉物美，一桶5升的转基因大豆油在五六十元左右，而非转基因的至少要七八十元。我自己不买花生油，不过有的时候单位发福利，那么发给什么就是什么。

姜韬：我不大区别是否转基因，只看有没有国家标准；同类产品都有的情况下，我买的肯定是转基因大豆油，因为它执行的标准肯定要更高。

胡瑞法：关于吃不吃转基因食品，也经常有记者问我。我做过农药使用状况的调查，还做过农药使用对身体健康影响的研究。拿转基因水稻和非转基因水稻相比，非转基因水稻平均每一季要打八到十次农药，并且这些农药都是高毒和剧毒的；而转基因水稻只打一次，最多打两次。所以人家要问我，我会说转基因农产品绝对比非转基因的安全得多，起码在中国是这样。

陆梅：就是说，从种植管理过程这个角度来说，也是转基因食品更安全。

感谢在座的朋友参与我们今天的访谈，特别感谢三位专家带着大家追根溯源，帮助我们理解转基因方面的言论，帮我们破除了一些谣言，甚至帮我们分析这些谣言的成因，同时也帮我们解答了很多关于转基因食品安全的疑惑。通过三位的解答，让我明白了之前一直很疑惑的一个问题，那就是为什么关于转基因食品的两方观点会如此水火不容？通过今天的探讨之后，我相信大家都能得到自己心目中的答案了。

第三章

转基因，我们的成果

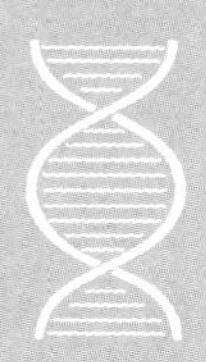

主持人：

陆梅

央视七套主持人

访谈嘉宾：

戴景瑞

中国农业大学教授、中国工程院院士

黄大昉

中国农科院生物技术研究所研究员

刘银良

北京大学法学院，法学教授

转基因研发绕不开跨国公司的专利吗？

提要：

我们国家准许产业化，准许生产并进入市场的产品都是有自主知识产权的。

如果出现转基因知识产权问题导致我国的粮食安全受到影响，那不是转基因的问题，而是专利制度的问题，但是我们的专利制度并没有问题。

我们的专利还获得了国际知识产权组织颁发的金奖。我们不但有自己国家知识产权局的认可，还有国际知识产权组织的认可。

陆梅：欢迎来到《基因的故事》系列访谈，先为大家介绍一下今天做客演播室的重量级嘉宾。坐在我左侧的是中国工程院院士戴景瑞老先生，戴老是第二次做客我们的转基因访谈了。黄大昉黄老，来自中国农业科学院生物技术研究所的研究员。坐在我右边的是来自北京大学法学院的教授刘银良老师。

今天访谈的主题是转基因的知识产权和咱们科学家取得的成果，专门讨论转基因知识产权问题。讨论这个话题的初衷，是一直有人担心，转基因的粮食作物商业化之后，可能会涉及国外的知识产权问题，进而影响到咱们国家的粮食安全。

针对这种担心和质疑，我想首先听听三位专家的说法，简短给我们概括一下你们的想法，从戴老开始吧。

戴景瑞：公众对这个问题的担心是可以理解的，但是请大家放心，我们国家准许产业化，准许生产并进入市场的产品都是有自主知识产权的，都是经过严格的程序审查过、获得知识产权以后才允许进入市场的，大家完全可以放心。

黄大昉：我同意戴先生的意见。咱们国家对转基因的知识产权非常重视，从上世纪80年代中期开始863计划，那个时候就强调我们要有自主知识产权，经过20多年的发展，现在已经拥有一大批知识产权。比方说，现在整个转基因重大专项获得的专利就有1036项，这个数量相当可观，在国际上有很大影响。

刘银良：大家对转基因知识产权的担心，有点出乎我的意料。我国的专利制度、专利法还有其他知识产权法是相当完善的，如果出现转基因知识产权问题导致我国的粮食安全受到影响，那不是转基因的问题，而是专利制度的问题，但是我们的专利制度并没有问题。

陆梅：刘教授认为这不是一个问题?

刘银良：根本不可能出现问题，因为我们的专利制度相当完善，有很多的设计都在防止出现这方面的问题。

黄大昉：我再补充一下，抗虫棉是我们自己最早研究的转基因产品，当时搞抗虫棉的时候，有人就表示了担心，说你们现在面积还不大，一旦面积大了以后，国外公司就会找你们要钱，会说你们侵犯了他们的专利。可是我们很有信心，因为我们在抗虫棉上不但有自己的专利，我们的专利还获得了国际知识产权组织颁发的金奖。这说明什么问题？说明国际上都认可我们的专利。我们不但有自己国家知识产权局的认可，还有国际知识产权组织的认可。

我们自己研发的抗虫棉现在已经占到全国95%以上的种植面积了，没有出现任何的专利争议。包括那些跨国公司，从来没有因为抗虫棉而说我们侵犯了他们的专利。

陆梅：三位专家一致认为，转基因粮食作物的商业化不会涉及侵害国外专利，进而影响国家粮食安全。那么是不是可以说，专利问题就是一种危言耸听的说法？

刘银良：这倒不是，具体到某一个产品，是有可能涉及国外申请人在中国的专利的。比如一家国外的公司在中国申请了某项技术的专利，我们某一个转基因产品的产业化有可能涉及这项技术的专利权，这没有关系，你付费就可以了。这跟危及国家粮食安全完全是两个概念。

戴景瑞：关心这件事的有两种人，一种是关心咱们国家的产品是不是有知识产权，这是善意的考虑；还有一种人是对转基因产业化有看法，故意拿专利问题制造借口。我们应该相信，国家允许产业化的、经过政府批准的转基因产品，一定都是有知识产权的。没有知识产权，政府不会批准。

陆梅：听刘教授说，关于转基因知识产权的法律法规是个很复杂的体系。我想先问您一个问题，很多人都不清楚这儿说的转基因专利或者转基因的知识产权指的是什么，是不是指基因工程的方法和手段呢？

刘银良：对，在专利法里面把可专利的主体或者发明创造分为两部分，一类是产品，一类是方法。方法有可能涉及一种转基因的方法，基因重组的方面或者基因编辑的方法，或者是转化植物、作物的方法。产品可以包括基因、转基因用的载体、转入基因所获得的细胞或者其他的一些产品、一些发明。

最终获得的植物品种有可能获得植物新品种权。这个不是专利权，按照专利法，还不能为植物品种颁发专利，但是可以获得植物新品种权。按照专利法的规定或者植物新品种的规定，可申请专利的发明创造要么是产品、要么是方法。

陆梅：要么是基因工程的方法，要么直接就是转基因产品？

戴景瑞：还有要转的原材料。比如要把抗虫的基因转到玉米里面，这个被转的基因也归到产品里面——从技术上讲，从微生物里面取出的基因也算是一个产品；而怎么把这个基因转进去、用的是什么技术，这个也是有专利的。

刘银良：专利法里面只分两类，产品或者方法。

陆梅：之前我在访谈里面已经知晓了，最早完成基因工程的是美国人，我们现在继续使用他们率先使用的基因工程手段，是不是还需要给他们缴纳专利费？

刘银良：知识产权有三大特点，第一个叫地域性，第二个是时间性，第三个是课题的无限性。最后这个跟我们没关系，就不具体说了。

先说地域性。一家美国公司，假如有一个关于转基因的发明，如果涉及美国的市场、中国的市场和欧洲的市场，他们需要分别到美国专利局、中国专利局和欧洲专利局申请专利保护。如果他们没有到中国专利局申请专利权，这就意味着它在中国没有专利，这个发明在中国领域就可以随便用。这是一个非常重要的特点，能够解决很多问题。这就是知识产权的地域性特点。

第二个是时间性。设立知识产权，是为了保护人类的智力创造成果，这种智力成果应该是属于全人类的，只不过为了鼓励、促进科技的研发以及产业化的发展，人为地赋予其一定的知识产权，其中也包括专利权；但在赋予它独占的专利权、知识产权的同时，也附加了一种限制，叫时间性，意思是你的知识产权只在有限的时间内有效，过了期限就归入共用领域。著作权的保护期是作者有生之年加上去世后50年，在欧美国家也有的是70年；专利期限则是从专利申请的时候开始算，只有20年的时间，过了20年就归入共用领域。

美国专利法、欧洲各国专利法都对专利权的保护期有限定，从递交专利申请开始算，通常都是20年的保护期。比如孟山都的转基因抗虫棉最早是1988年申请的，到2008年就终止了，从那个时候开始进入公共领域，大家都可以用它的技术了。转基因，或者说基因工程的基本操作技术出现更早，即便当时申请了专利，也早就过了专利保护期。

陆梅：基础转基因手段专利过期，使用它的技术就没有问题了。但如果他们继续缴纳保费续保，还可以对这项技术继续保护吗？

刘银良：不可以，专利到期后是不可以续保的。当然，他们可能有后续的开发、改进或者获得新的专利，再到中国申请，这个时候保护的是新的专利，原来的专利是可以随便用的。

陆梅：也就是说，最早那些实现基因工程的手段，到现在都已经不再有专利保护；现在做出的转基因产品，或者发现一种新的转基因手段，我们就享有这个产品或者手段的知识产权了，可以这么理解吗？

刘银良：可以这么理解。但还要澄清一个概念，如果别人发现一个基因，比如冰河基因，申请了专利保护；你在那个专利的基础上进一步研发，把它转到某种植物里面去，研发出可以抗霜冻的、在低温环境下种植的产品，用到了他的基因，这个时候就不能说你有完全自主知识产权。当然，你的知识产权虽然不是完全自主的，但是仍然可以在现有专利法的规定下使用它。知识产权制度有完善的设计。

总之一句话，专利制度不可能让专利或者知识产权成为阻碍社会进步和发展的工具，只能促进它的发展。

黄大昉：我觉得科技人员对待专利就两条。第一，不要侵犯别人的专利。第二，要保护好自己的专利。这是我们必须遵循的规则。

所谓不侵犯别人的专利，我们要懂得整个的知识产权专利制度，就像刘教授讲的那些规定，我们一定要遵循。保护自己的专利，首先要让这个专利在中国发挥作用，一定要申请中国的专利；有一些专利，如果觉得它可能还会有更大、更广泛的作用，就还要申请国际专利。

目前我们就是这么做的，绝大多数的科技人员都已经有专利保护意识。

刘银良：黄老师说的这个问题，我想补充几句。如果别人有一个技术我们绕不过该怎么办？一种方案是寻求合作，获得许可。第二种方案，我们可以在它的基础上再开发，再完善，让产品的技术含量有所提高，然后在他们的基础上申请专利。如果获得专利，就会赢得主动的法律地位，因为一方面我可以请求让你许可给我，另外一方面我也可以把自己的专利部分许可给你，这种交叉的许可，相互之间有可能是免费的，或者谈一个大家都可以接受的价格。

如果别人就是不给你许可，又该怎么办？这种情况下，专利法也有规定，有一个强制许可制度。当你在别人的专利基础上又做了开发、有了新的进步，这个时候别人如果依然拒绝给你许可，你就可以到国家知识产权局去请求知识产权强制许可，你可以用它的，向它支付费用就可以了；如果谈不拢，最后可以到法院起诉，由中国法院决定许可费用是多少。所以专利制度不可能让一项专利权制约技术的发展，更不可能出现因专利而危及粮食安全，或者危及国家安全的事情。大家担心的问题，在专利制度里面都已经解决了。

自主产权成果的价值

提要：

孟山都提了一个条件：我拥有这个专利，所以我要专利使用费，你们棉花种子销售额的60%要先交给我，剩下的钱再来看怎么分。

单是抗虫棉这一个产品，到现在创造的价值就有几百亿元了，超过了中国在转基因研发整个领域的总投入。这还不包括社会价值。

一定要开发自己的技术，否则专利权是别人开发的，谈判桌上我们只能受制于人。

陆梅：我想请问三位一个问题，假如我们不小心侵犯了别人的专利了，会付出什么样的代价?

黄大昉：侵犯了别人的专利你就违法了，人家如果起诉你，你将处在一个被告的位置，就应该按照专利的有关条款承担经济赔偿或者其他的责任。

到现在为止，我们还没有发生过这种情况。各国现在越来越重视专利保护，我们也经常跟国外交流看法。

刘银良：一家公司或者一家研究机构，首先要做的是尽量不侵权。在你产业化之前，一定要做好专利签署，有专利代理机构，可以请专利律师帮着看一下，尽量不要侵别人的权。如果用到了别人的技术，要事先经过别人的许可，大家谈一个许可价格，这是商业行为。如果无意间侵犯了别人的专利权，同样的，大家可以先谈赔偿多少。

像这样的事情，在其他领域里面非常普遍。比如手机，苹果诉三星，三星诉苹果，在很多国家都打官司，但是丝毫不影响他们占领手机市场。同样的道理，转基因领域如果发生类似情况，也可以用相似的方式解决。

陆梅：刚才刘教授提到经济赔偿，具体到数字，是不是跟这项技术或者成果本身的经济价值有关系，有没有好的案例给我们介绍一下？我听说当年孟山都的抗虫棉，好像开价好几千万元，现在“江湖上”传闻不一，有的说是1800万美元，有的说高达4000万美元。中国当时棉花种植面临棉铃虫危机，如果那时咱们采用了这项技术，其开价这么高，就是咱们需要付出的代价吧？

刘银良：孟山都公司就它的专利技术与我们谈判，应该是在1992年前后，当时孟山都在中国还没有专利权，中国跟他们谈判，谈的是一个概括性的市场许可费用，即我们要用他们这项技术，需要给多少钱。对于公司来说，都是要追求利益最大化的。

黄大昉：抗虫棉谈判，我经历了整个过程，有很多故事可讲。

上世纪90年代，由于棉铃虫难以控制，中国棉花生产的整个产业已经面临危机。我们当时想学习国外的技术，跟国外合作。最早开发抗虫棉的是孟山都公司，我们就跟他们谈。他们开了一个高价，几千万美元，当时我们觉得很难谈下去。后来他们改变策略，说可以跟我们合作，把技术给我们，不过有一个条件，我们国家的农业市场要对他们开放，这样，他们的农产品就可以进来。政府为了保护中国自主的农业技术和生产，当时就没有同意。

这个合作谈了多次，还是没有谈成。后来孟山都公司拐了一个弯，农业部不同意，他们就和地方政府谈，最后他们和河北省达成了一个协议——河北省不了解国内自主研究产品的进展，他们认为孟山都比较可靠。结果孟山都提了一个条件：我拥有这个专利，所以我要专利使用费，你们棉花种子销售额的60%要先交给我，剩下的钱再来看怎么分。60%是什么概念？你卖了100块钱的棉花种子，60块钱先交给别人，剩下的40块钱还得商量怎么分，最后到中国人手里的就很可怜了。

这个成本实际上最后要转嫁到种棉花的农民头上，给我们的棉农带来了非常大的压力，甚至可以说是带来了严峻的挑战。这个过程告诉我们，好的技术，特别是国外的一些技术，你是买不来的，更是要不来的，只有自己发展，非自主创新不可。当时我们就是在这么一个背景下开始发展转基因抗虫棉。

当然，咱们国家现在改革开放，对国外不能关门，也要积极合作。在合作过程中，我们就要更加注意研究专利的相关问题。某项技术，如果我们确实需要，并且一时又没有能力开发，那就可以考虑购买，可以要求技术转让、可以谈判。谈判中，如果你完全没有技术力量，也就没有话语权，只好让人家支配你。你如果有一定实力，这个谈判就容易进行。

在专利这个问题上，我们应该认真研究，怎么样坚持我们的自主创新，同时又积极地对外开放。

陆梅：在抗虫棉这个问题上，我们都知道最后的解决途径是中国科学家挺身而出，研发出了自己的抗虫棉。我听说，单是抗虫棉这一个产品，到现在创造的价值就有几百亿元了，超过了中国在转基因研发整个领域的总投入。

刘银良：几百亿元是直接获得的产值，还不包括社会价值。

农科院生物技术研究所开发了自己的技术，根据当时在中国专利局的授权，他们不是在孟山都的技术基础上开发的，是两个不同的专利，这样为中国抗虫棉技术的发展奠定了基础，后来中国的自主技术越来越多，获得的专利权也越来越多，到现在国产抗虫棉产品占有了95%的市场，并且还走向了国际。

陆梅：请教刘教授一个专业问题，假设我们购买产品也好，引进专利技术也好，通常要付的费用是多少，有没有约定俗成的规定？能不能给我们举一个例子，比如孟山都开价1800万或者4000万美元，依据是什么？

刘银良：这个要看产品或者专利技术在市场上具有的价值。比如苹果手机的圆角外观设计，到底在专利里面占多大的比例，这个要具体评估，完全是一种市场行为。

黄老提到的孟山都和河北省谈合作的时候，给出了60%的比例。苹果手机和iPad的产品，卖5000块钱、6000块钱、7000块钱，其中大约也有60%是苹果公司拿到的，负责代工生产的中国工人的工资，在里面占有的比例可能只有2%至3%。所以在这个领域，尽管看起来创造的GDP很高，其实属于中国的利益非常低。这就是黄老师所说的，一定要开发自己的技术，否则专利权是别人开发的，谈判桌上我们只能受制于人。

中国科学家的成果

提要：

根据这两年的展示、比较、试验，我们在转基因玉米研发领域的整条技术链已经可以跟国外公司抗衡，也就是说，如果我们把它推向产业化，至少在中国的土地上，可以跟他们同台竞争。

我们有自己独立的知识产权，有自己的专利，而从效果看，我们已经达到国际先进水平，完全可以满足产业化的需求了。

科学家通过转基因的办法把淀粉的结构改变了，最后生产出来的淀粉不会很快升高血糖，糖尿病人吃了就没有多大问题。这个成果可以给我们带来健康。

我们的科学家把血清白蛋白的基因转移到水稻里面去，让水稻生产白蛋白。如果这项成果最后成功推广应用，可以轻易解决血荒问题。

陆梅：刚才说到受制于人的问题，让我想到了目前咱们的一种处境：中国每年要进口8000万吨左右的转基因大豆，不仅是大豆，还有转基因玉米，每年也会引进大概数百万吨，500多万吨，这是否就属于因专利权属于别人而受制于人？

戴景瑞：进口大豆无关专利权，并且对国家还是有利的。WTO签订协议的时候，就已经允许咱们国家大豆市场开放了，这是一个法律约定。当时为什么签字？就是认为进口大豆对我们是有利的。中国现在每年进口大豆8000多万吨，这个数字，如果在中国自己的土地上种，至少需要4亿到5亿亩土地，而实际上国家并没有那么多土地。

目前我们其实是利用国外的土地资源为我国的消费者服务，希望进口大豆省下来的土地用来干别的。中国的粮食安全首先是要保证水稻、小麦绝对安全，玉米相对安全（要保持90%的自给自足，可以适量进口）。如果用5亿亩、4亿亩的土地种大豆，其他的作物势必受到影响，粮食安全就受到影响。并且，进口大豆比国产大豆还要便宜，这样进口大豆还是划算的。

涉及转基因大豆专利的问题，我们没有引进国外的专利，但是我们自主研发的转基因大豆进展也很快，也有自己的自主知识产权了。但是我们的产量和品质跟国际市场竞争还是有一定的距离，主要原因是规模化经营还不够，人家一个农户就几千亩，咱们一个农户几亩地，生产效率低、成本高，竞争不过人家。另外，大豆品种本身也存在差距。

陆梅：具体到玉米这个品种呢？据我所知，目前国内玉米生产存在过剩的情况？

戴景瑞：最近十几年，玉米十一连增，每年都在增产，其中很重要的因素就是玉米的种植面积增大了，同时玉米的亩产量也在提升。但是，国际市场上的玉米价格比我们还便宜，并且质量比咱们还好，所以很多加工企业选择进口玉米。咱们国家黄淮地区的玉米收回以后，籽粒破损率比较高，容易产生霉菌，不够安全。进口的都是转基因玉米，品质好，破损率低，价格还便宜，加工企业愿意进口，影响了本土产品的消费。

陆梅：这其实是很尴尬的一个现状？

戴景瑞：是的，所以国家采取了相应的政策，消减玉米的种植面积以减少压力。

陆梅：玉米十一连增、过剩，大量的积压又导致霉变，造成很大的浪费，每年还要进口数百万吨的玉米，黄老对此怎么看？

黄大昉：咱们国家的玉米现在的单产很低，每亩大概在400公斤左右，美国是600公斤，所以我们跟它差了三分之一。与此同时，我们的生产成本又很高，最后在跟国外竞争上，我们处于一个不利的地位。

怎么解决这个问题？我觉得归根结底还是要加强玉米的转基因技术发展。设想一下，如果我们的单产也可以达到600公斤，就不需要进口那么多玉米，我们自己的玉米也可以很便宜，市场竞争力就会变强。市场竞争力归根结底取决于科技竞争力。

为什么美国的玉米单产能达到现在这个水平？这跟他们从上世纪90年代就把转基因技术和传统的优良技术结合在一起是分不开的。那个时候美国的单产跟咱们现在差不多，也是400公斤左右；经过了十多年二十年的发展，它到600公斤了，我们是不是可以想象一下，如果加快玉米的自主创新，再过十年八年，我们也有可能达到这样的水平，价格在国际市场上也有竞争力？ 这个发展取决于自主创新，一定要有自己的知识产权。

戴景瑞： 黄先生说的我完全同意。

要提高我国玉米竞争力，可以从两方面考虑。一个是从提高生产力的水平，一个是改善生产关系。提高生产力水平，转基因技术可以提升玉米对环境的适应能力，比如抗虫等等，可以提高单产。另外我们还要改善生产关系，加快规模化经营。改变由小农户一家一户种植几亩地的方式，由合作社或者其他的方式来替代目前的生产方式，一户种几千亩、上万亩，这样可以降低成本。降低成本，提升产量，这样就可以减少进口玉米的压力。

陆梅： 自己生产过剩还要大量进口，如何解决这种尴尬的境地，国家是不是也出台了相关利好的政策？

戴景瑞： 据我们了解，农业部有一个对转基因成果产业化安排的次序，首先推广非食用的产品，棉花已经产业化多年；其次是间接食用的，像用于饲料的玉米。从提高生产力水平的角度，玉米的产业化迫在眉睫，无论是抗虫的、抗除草剂的。

还有其他一些性状的玉米，比如早熟性，早熟性提升以后，收获的籽粒干燥得很快，机械化收获的时候就不会破损，能保证它的质量，这样我们就跟国外的玉米水平差不多了，竞争力提升后，就可以不用再进口。

陆梅：国务院也强调在十三五期间要大力推进转基因大豆和玉米的研发，而且还要推进产业化，这对于业界来说是一个比较好的消息。刚才黄老说，咱们在转基因玉米方面取得了一些成果，可以具体谈一谈都有哪些最新的成果吗？

黄大昉：刚才戴先生已经谈到了，从生产需要来看，当前最紧迫的是抗虫、抗除草剂的玉米。现在国际贸易链上占最大份额的玉米也都是抗虫、抗除草剂的转基因玉米，我就这个问题谈一点看法。

实际上咱们国家从上世纪80年代就开始了转基因玉米研究，我们已经有20多年的研究积累。现在，在抗虫基因的发掘、抗虫转基因玉米的培育方面已经有比较重大的突破，已经有好多个单位和企业都拥有了抗虫的和抗除草剂基因的核心技术知识产权。

比如抗虫基因，现在用得比较多的是BT基因，最近五年，中国科学家发现的BT基因占到国际上登记数量的一半，这可以看出，在新基因的发掘上，我们取得了非常大的成效。

其次是把基因转到玉米里边去的手段，十年前我们是很难做到的，五年前也比较困难，可是最近这几年，我们的转化技术已经很成熟了，已经做到了规模化转化。

最后是和育种结合、形成整条技术链，把我们拥有自主产权的基因和国外已经专利过期的基因转到我们国家的重要品种里面去，完成生产性试验，然后申请安全证书。这些都已经没有问题。

根据这两年的展示、比较、试验，我们的整条技术链已经可以跟国外公司抗衡，也就是说，如果我们把它推向产业化，至少在中国的土地上，可以跟他们同台竞争。当然，我知道有些人不这么看，还觉得我们这个不行、那个不行，我认为不应该再坚持这种看法，而应该更多了解我们现在研究的进展。至少在抗虫、抗除草剂的转基因玉米方面，我们基本具备了产业化的条件，应该积极推进。

陆梅：我还想请问两位研究玉米的专家，咱们自己研究的抗虫玉米，和国外的产品有什么不同？

戴景瑞：我们有自己独立的知识产权，有自己的专利，用到的技术是跟他们不一样的；而从效果看，我们已经达到国际先进水平，完全可以满足产业化的需求了，只要政府批准，产业化就没有什么问题了。刚才讲了有好几个单位，包括大学、农科院、企业都有这方面的进展，他们也都有自己的专利，也有相当的竞争力，因此可以放心推进产业化。

陆梅：能不能给我们具体介绍一下，目前已经取得的专利、有自主知识产权的产品是什么，或者方法是什么？

黄大昉：比如说，我们有一些抗虫的BT基因，还有一些抗除草剂的基因，都拥有国家自主知识产权，而且其中有的已经在申请国外专利。也就是说，我们自己发现的这些基因跟国外用的基因是不同的。当然国外不同的公司也可能会用不同的基因。

另外，国外有些基因专利已经过期了，效果还很好，我们也可以拿来用。我们不是简单地把人家全套的技术拿过来，我们只拿他们的基因，用我们自己的转基因方法，把它转到我们的品种里面去，所以这里面也有我们自己的创造。用一句现在经常说的话，我们是引进、消化、吸收、再创新。自主创新也有不同的层次，这也是一种方法，也是尊重专利、按照专利来办事的一种途径。

戴景瑞：咱们有一个抗除草剂的成果，转的基因可以抗超过正常剂量8倍浓度的除草剂，并且表达的效果非常好，非常稳定，抗除草剂效果超过了国际水平。

陆梅：产业化之前，得首先取得农业部颁发的安全证书。目前有一个植酸酶玉米已经获得安全证书了，能否具体介绍植酸酶玉米的特征?

黄大昉：植酸酶玉米是2009年获批安全证书的。

目前玉米主要是用作动物饲料的，但很多动物不能完全消化玉米，这是因为玉米里面有一种抗营养因子叫植酸，植酸把生物很重要的营养元素磷“包”在里面，不容易被胃消化吸收。我们通过转基因技术让玉米产生植酸酶，这种酶可以把植酸分解掉，让养分充分被动物吸收，同时也避免了玉米中不能消化吸收的养分随着粪便排放到环境里面去，造成环境的磷污染，这就可以起到保护环境的作用。

植酸酶玉米的安全性也没问题，很早就拿到了安全证书，可是后来没有产业化，这一方面是政府在推进政策上有考量，另外也有市场竞争方面的考虑。现在有可以添加的植酸酶制剂，加入饲料里面，也可以达到增强养分吸收、减轻环境污染的效果。植酸酶玉米要推向市场，可能还需要一些时间。

陆梅：一些好的技术、好的产品取得了安全证书，却还没有产业化，看来原因还挺复杂。据我所知，跟植酸酶玉米情况类似的还有抗虫水稻，也是取得了安全证书，却还没有推广种植。

我想问一下，现在已经取得安全证书的转基因水稻是不是拥有完整的自主知识产权？网上有一些针对张启发先生的攻击，就是从知识产权角度抨击他的。

黄大昉：抗虫的转基因水稻，首先它是安全的，这一点要反复讲，因为老百姓不了解，还是会有担心。

其次，从知识产权来说它也是没有问题的。获得安全证书的第一批抗虫水稻所用的基因就是抗虫棉现在用的基因，专利上没有问题；近些年科学家又引进了新的基因，申请了新的专利，在技术上也做了很多改造，目前把这些基因转到了国家的水稻主要栽种品种，大概有50多个杂交稻组合，知识产权也没有问题，效果也没问题，产品还比较成熟，现在就看能不能建立共识，政府在适当的时候往前推进。

陆梅：拥有完整的自主知识产权？

戴景瑞：对。这两个产品，植酸酶玉米和抗虫水稻，安全证书已经到期，现在又继续延长了。安全证书有效期是五年，再次颁发证书，说明依然认同它的安全性、包括知识产权安全性没有问题。

刘银良：我想补充一点，在核准证书的问题上，侵权不侵权，自有种植者去管，如果他侵权了，到法院去解决，法律制度有完善的设计。农业部核准安全证书的时候，这个安全不应该包括知识产权安全，那应该交给市场去做，市场会做好的。

戴景瑞：谁研发，谁把握知识产权问题，按道理，政府确实可以不考虑这个因素。但是咱们国家的政府很关心这个事儿，所以发放安全证书的时候，也把有没有知识产权作为一个重要的考量指标。

刘银良：知识产权太复杂了，专利状态每天都在更新，有一些可能到期被宣告无效了，每天又有新的专利产生，政府考察的时候未必能够及时跟上变化，交给市场是一个更好的方法。

刚才黄老提到中国的科学家非常谨慎，看别人的专利权到期了，再在这个基础上去研发。其实完全没有必要等他们到期，一个好的基因，完全可以直接在它的基础上开发利用。有一个改进性的专利，就可以跟他们谈判相互许可或者请求它的许可，不同意的话，可以强制许可。中国的科研人员非常谨慎，是不希望出现问题，其实专利制度里边有很大的空间可以用。

戴景瑞：你说这种情况中国科学家也有，别人的专利还没到期，但是我把它改造或者深化，提升一下，然后加以利用。

黄大昉：抗除草剂那个，就是在他们的基础上，我们又给它改造、提升了，最后申请了我们的专利，这种情况也有很多。

刘银良：改进了，就有可能不再侵犯它的权利。

陆梅：刘教授这样的法学专家，可以为咱们老专家们多出出主意，提供法律保障和支持。

刘银良：抗虫棉向印度推广的时候，合同就是我来审的，那是十年前的事了。

陆梅：既然说到了抗虫水稻，目前咱们研发的转基因水稻，除了抗虫功能之外，还有没有其他比较新颖的功能、比较新颖的产品？

黄大昉：还有很多。最近有一个成果，是专门为糖尿病人及潜在的糖尿病人服务的。我们都知道，糖尿病人不能多吃淀粉，普通淀粉会迅速升高血糖，这对健康不利。现在科学家通过转基因的办法把淀粉的结构改变了，最后生产出来的淀粉不会很快升高血糖，糖尿病人吃了就没有多大问题。这个成果跟广大消费者，特别是糖尿病患者有很密切的关系，可以给我们带来健康。这是一个例子。

还有一个例子，武汉大学的杨代常老师研究出了一种产品，利用转基因的水稻来生产人用的血清白蛋白。血清白蛋白现在用得很广泛，过去白蛋白都是血液制品，需要从血液里面提取，那是非常昂贵的，世界范围内血液都是稀缺资源。

陆梅：对，尤其咱们国家有的时候还会闹血荒，缺乏充足的血源以治疗病人。

黄大昉：咱们国家的白蛋白不够，还要进口。科学家研究发现可以把血清白蛋白的基因转移到水稻里面去，让水稻生产白蛋白，现在已经取得了很好的进展。把稻米收获以后，提纯，可以达到血液制品一样的纯度，就可以拿来作为药品使用。如果这项成果最后成功推广应用，一亩地的水稻提纯的白蛋白大约相当于275个人每个人献200毫升的血液。从水稻种植来说，附加值大大提高了，有利于农民获得更多收益；从血液供应来说，我们可以轻易解决血荒问题。

这项成果获得了国家发明二等奖，并且动物实验已经证明可行，现在已经开始临床实验。这是一个非常好的消息，是中国人的独创。

刘银良：我有点好奇，这个为什么没有用转基因动物来做，比如转基因牛或者羊?

黄大昉：他们也做了一些比较，比较以后发现转基因植物比动物效果要好；不同的转基因植物也做了一些比较，发现水稻的产率更高，并且纯度更容易保障。另外他们还做了实验，利用微生物发酵来生产白蛋白，目前还有一些技术难关没有攻破。实际上动物做起来更难，它们的防御系统太发达了。

转基因技术可以在不同的生物里面尝试，看看哪一种最好、最安全。首先还是要考虑安全性，而不光是产量好。动物的安全性评价更严格、更难过关，这也是一个因素。

陆梅：更为严格、更难过关的转基因动物，有没有实验成果可以跟大家分享的?

戴景瑞：这方面也有。譬如说转基因猪，大家都喜欢吃瘦肉，科学家利用转基因技术使瘦肉率提升5%以上，而且还降低了成本。在牛身上，这项技术也可以发挥作用，牛的臀部肌肉非常发达，大家都喜欢买那部分肉，这个基因转到牛身上以后，牛肉的瘦肉率就大大提高了，产业化前景非常广阔。

陆梅：我还听说过转基因鱼，产量更高、肉质更鲜美。

黄大昉：那是转基因黄河鲤鱼，是朱作言研究出来的成果，是国际上最早研究成功、成熟的转基因鱼。目前美国的转基因三文鱼已经批准上市，我们的产品更早成熟，却迄今没有批准上市。

中国转基因食品在哪里？

提要：

没有产业化，技术研发没有动力，知识产权保护也就没有意义，所以产业化一定要重视。不然，我们一直在徘徊，别人一直在进步。

无论是知识产权还是民意、舆论，都不应该拿来作为拖延转基因产业化的借口。

只有在竞争中不断提升，才能够满足社会发展的需求，逃避不是个办法。

我们在积极推进转基因重大专项的同时，应该给予企业更多的鼓励和支持。

陆梅：我有一个疑问，无论刚才二位提到的令人惊奇的、能够提取人血白蛋白的转基因水稻，还是转基因猪、牛、鱼，为什么这么棒的转基因技术目前只能在实验室里面孤芳自赏？

黄大昉：这个问题比较复杂一点。科学家过去往往是从技术角度考虑问题，特别是在安全性方面下功夫，做了大量的工作，着重于证明转基因的安全性没问题。

可是，现在社会上关于转基因的谣言不断，很多老百姓对转基因新技术了解不多，转基因给妖魔化了。在这种背景下，这几年政府放慢了推进步伐。对此我们非常担心，这会影响国家的科技竞争力和市场竞争力——国外公司不断研发并推出好的产品，而我们的好产品却不能得到及时的、广泛的应用。

大家应该共同面对和解决这个问题。媒体对那些不负责任甚至是恶意传播的谣言一定要给予揭露，不能让它祸害老百姓；同时政府应该把握时机，及时、积极地往前推进转基因产业化。

戴景瑞：为什么这么多成果还没有产业化，有多种因素。首先是国际上确实有反华势力在阻挠中国的发展，利用各种手段来制造谣言，迷惑群众、打击科学家，这是一个根本原因。

另外，国内有少数对政府不满的人，与国外势力互相呼应，给政府出难题。

这两个是政治方面的因素，不可忽视。还有一个因素，国内外有少数群体，出于产业保护的原因而故意妖魔化转基因。比如一些搞生态农业、有机农业的，会鼓吹他们的产业方向，号召大家抵制转基因。还有就是出于商业利益考虑，卖杀虫剂的，或者卖有机食品的，可能会故意诋毁转基因。

对于转基因缺乏了解的公众受上面几个因素的影响，有时还会跟风传播关于转基因的谣言，从而造成了当前恶劣的舆论环境，进一步影响政府决策；并且目前粮食也够吃，“转基因再等等吧”就成为许多决策者的简单思路，最终影响了社会的进步和产业的发展。

前不久我去通辽，通辽是玉米主产区，玉米种植面积有一千多万亩。2016年玉米钻心虫爆发性增多，几乎所有的玉米都有虫子钻的眼，果穗也被咬了，比我们在试验地里人工接玉米螟的损害还严重，台风过境后玉米全部倒折。我看过之后很痛心，那边已经迫切需要转基因玉米的推广应用，广大农民也特别希望能够早一点开放。这是一个国家农业发展，特别是玉米产业发展的迫切需求，所以希望有关方面能够积极了解情况、了解需求，推进产业化的进程。

陆梅：刘教授从法律角度怎么看待这个问题？

刘银良：中国的农业要现代化、中国的农业生物技术产业要发展，应该重视三方面的结合：第一，技术研发；第二，知识产权保护；第三，产业化；三个因素缺一不可。没有技术的研发就没有先进性，难以提高相应产品的品质和产量；没有知识产权保护，则对内会让科学家缺乏积极性，对外则面临诉讼处处被动；没有产业化，技术研发没有动力，知识产权保护也就没有意义，所以产业化一定要重视。不然，我们一直在徘徊，别人一直在进步。

大家一直讲转基因，其实现在的基因工程不光包括转基因，还包括基因沉默技术，比如有一种技术可以让苹果里面一种基因沉默，这样的苹果切开以后可以长时间不变褐色，那也是非常好的一项技术，目前应用了这项技术的苹果在美国已经上市了。还有一种转基因土豆，可以在烧烤、油炸过程中不产生有害物质丙烯酰胺。

另外一种是基因编辑技术，这几年发展很快，无论在美国还是中国都有非常多的专利申请，前两天我在中国专利局查了一下，有国外的申请人也有国内的申请人。所以就技术研发来说，中国的研究机构和科研人员的水平一点不弱。如果产业政策好，有市场需求，相应的知识产权保护能跟上，那么中国的农业现代化很值得期待。

陆梅：普通老百姓会有这样的经验，小到手机大到电视、冰箱，我们选购国外品牌属于常事，好像并没有听说专利问题会妨碍这些产品在国内的生产、研发、制造和销售，独独转基因技术会被人从知识产权角度提出质疑，我也挺费解的。

黄大昉：很多问题其实都是一些反对者阻挠转基因技术发展的借口。比如知识产权，一开始就讲了，农业生物技术领域迄今没有跟国外发生知识产权纠纷。我们在农业生物技术领域跟国外的差距比有的领域要小得多，只要我们努力，完全可以抢占技术制高点，抢占国内市场，甚至还可以抢占国外市场。

可是有些人对这一点缺乏认识，包括管理部门的一些官员，对这个问题的认识也有待于提高。无论是知识产权还是民意、舆论，都不应该拿来作为拖延转基因产业化的借口。

刘银良：刚才我说了，如果因为转基因的专利问题阻挠了中国农业现代化发展，或者造成了粮食安全、国家安全，这不是转基因的问题，而是中国的专利制度出了问题。但是现在中国的专利制度没有问题，这方面就不应该成为阻碍转基因技术产业化推进的理由。在中国用这个理由是非常无知的，相关的报道我分析过，他们连最基本的概念，专利申请人和专利授权方都分不清，更拎不清专利授权的地域性特点和时间性特点。

陆梅：我要问一个善意的问题：常态下的技术是允许国际竞争的，就目前转基因技术的发展情况来说，咱们参与国际竞争有没有足够竞争力，会不会有引狼入室的危险？

戴景瑞：我认为不必担心这个。刚才刘老师也讲了，必须在竞争中成长，要是闭关锁国不让人家进来，也就没有办法提升自己的水平。如果他们更好，我们可以向他们学习。只有在竞争中不断提升，才能够满足社会发展的需求，逃避不是个办法。

刘银良：况且在加入WTO的情况下，锁国也是锁不住的，否则就违反了国际条约，我们也要正视这个问题。

黄大昉：按照总书记讲的，一定要抢占国际制高点，这不是一句简单的口号。就拿转基因技术来讲，咱们已经有了30年的积累，现在在世界上处在什么地位？我们在世纪之交的时候，很有可能抢到世界前列去，但是因为各种原因我们停了下来，导致产业化的推进滞后了。尽管滞后了，可是总体实力还摆在那儿，我们至少还有三点优势。

第一，我们已经有了一个独立的、世界上为数不多的、包含从基因克隆一直到最后产业开发和安全评价各个环节的转基因技术创新体系。目前，除了几大跨国公司和少数几个发达国家，绝大多数国家都还不完全具备这个完整的体系，而我们已经具备了。

第二，我们有了一批成果，刚才谈到的这些例子，都有自主知识产权，展示了我们的实力。

第三，我们有了一支可以跟国际顶级团队比肩的科技研发队伍。我们搞转基因重大专项的骨干人员就接近一万人，你可以了解一下，国际上有几个国家有这么强的从事转基因和生物研究的队伍?

成果、人才和体系，我们都具备。当然我们也要承认，我们还有不足之处，正如戴先生说的，我们只有在竞争中不断提高、完善。所以，自信心非常重要，我觉得现在很多问题出在我们缺乏自信心。

陆梅：刚才刘教授说，当你有了一种技术，如果你自己不加以产业化推广，那可能就被别人抢先用上了。这是一种情况，如果我们的企业研发出一种技术，但在国内没有适当的土壤，他们是不是可以另寻他路，种到其他国家去？有这样的情况吗?

戴景瑞：这种情况已经有了。一方面我们的成果要造福于国内，推动本土农业的发展；与此同时我们也要走出国门，比如我们的抗虫棉，就和印度的公司签订了技术转让协议，打入印度的市场。

我们还有一些成果，在国内由于种种原因未能及时走向产业化，作为一个企业，他们要考虑自己的生存和发展，就要走到国外去。比如大北农公司，他们研发的转基因大豆在国内不能得到产业化，他们积极地和阿根廷政府联系，最后和阿根廷的企业签了协议，在阿根廷种植我们的转基因大豆，最后可能还会卖给我们中国的加工企业。目前这项协议正在实施之中。这个例子值得我们深思，我们可以到国外发展，为什么我们自己国内反而不能发展呢?

陆梅：最后想请问三位，关于转基因重大专项目前已经取得的成果，三位是怎么看的?

戴景瑞：最近几天有专门的会议研讨，要向国家汇报专项取得哪些成果；其中有9项标志性成果，我就不一一列出了，可以概括说说。

这9项成果都达到了国际先进水平，而且这些成果都是当前国家产业发展迫切需要的。举个例子，刚才说过的转基因水稻、转基因玉米、转基因大豆，以及转基因动物，比如瘦肉率提升了的猪、牛；还有在医学上应用的血清白蛋白。这些成果都具有产业化前景，只要条件成熟，我想政府就会放开产业化。

再说一句竞争力问题。一项转基因的成果，需要落实到一个产品的载体上，这个载体本身有很多的标准。比如玉米，美国的品种拿来不一定适合中国的环境，而咱们的玉米是育种家在本土研制出来的，适合中国方方面面的需求。

刘银良：如刚才黄老师说的，现在已经有一千多项的专利，这是确定的成果，是产业化的有力支撑。

今天中国面临的形势，其实上世纪90年代在美国也同样存在，但是美国很理性地执行了产业化推进的政策，中国政府也应该理性地决策，做出历史性的选择。

黄大昉：产业化推进是要靠企业去做的，而不是科研单位或者大学去做。现在国内产学研的结合跟国外比还有一定差距，因为国外是跨国公司的体制，产学研一体，他们将不同链条组装在一块进入市场；而我们目前产学研还有一定的分割，这是致命的问题，需要在产业化过程里发展完善。

现在科研单位都把好的产品、好的技术转给了企业，企业经过这么多年的发展，也涌现了一批优质的种业公司，比如大北农、奥瑞金、隆平高科等等，这些企业发展很快。

如果技术不能产业化，科技人员还可以继续拿国家的课题经费做科研，但企业的积极性就会严重挫伤；企业发展不起来，就谈不上以后的产业化，从而进入一种恶性循环。这个问题应该面对、应该正视。

这些企业中，很多骨干来自国外，他们可能曾经是跨国公司的技术高管，他们为了加快国内转基因的发展而回来，回来以后却只能眼睁睁看着我们产业化停滞、政策不明朗，情绪势必受到影响。眼前这个状况如果再保持三年五年，这些企业就很难再维持下去。

所以，我们在积极推进转基因重大专项的同时，应该给予企业更多的鼓励和支持。

陆梅：诺贝尔奖得主罗伯特·理查德说过，我们要反对敌人，而不是反对敌人手中的武器，如果我们把农业生物技术的竞争以及农产品市场的争夺看成一场商业战争的话，那么转基因技术就是决定这场战争走向的关键性武器。很多人说，面对这样的竞争，我们放下武器直接投降好了，而今天两位育种专家和一位法学专家跟我们说，面对这样的战争，我们有足够的弹药支持这场战争。感谢三位，同时也感谢所有奋战在转基因研究领域的科学家们。

第四章
美国政府如何面对转基因

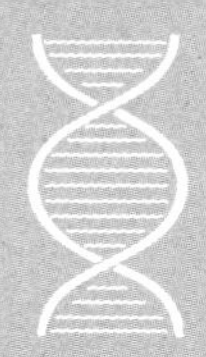

主持人：

方格
资深媒体人，《界面》新闻文化编辑

访谈嘉宾：

罗杰·比奇
Roger N. Beachy，生物学家，
美国国家科学院院士，
加州大学戴维斯分校世界粮食中心主任，
2001 沃夫农业奖获得者

当科学遭遇舆论和暴力

提要：

他们的忧虑毫无科学基础，那种忧虑和问题仅存在于他们大脑里。

政府的决定主要是基于科学做出的，科学告诉我们这项技术是安全的，就应该继续向前发展；但作为消费者，你可以自己做出选择。

就在一些人出于各种原因反对这项技术之时，许多农民却正在学习如何使用这项技术；并且转基因技术在帮助农民的同时，也在为消费者提供帮助。

方格：你很早便开始研究转基因技术，你的研究是否遭遇过社会舆论环境的压力？

罗杰·比奇：最开始研究用转基因技术增加粮食产量的时候，我们非常乐观。科学为我们提供了很多方法，比如如何控制病毒感染导致的病害，我主导的实验是在1985年至1987年间进行的，我们跟媒体和公众解释我们在做什么，过程十分透明，一切都很顺利，没有任何问题。公众盛赞这项研究，认为转基因可以让食品更加安全，同时还能减少化学制剂的使用。

但在十年之后，事情发生了变化，公众开始担心这项技术不安全。在1995年到2000年之间，表示忧虑的声音越来越多。当时，转基因技术的应用空间已经非常宽广，科学本身的进展也相当乐观，所以我们持续推进转基因研究，却没能及时将这些成果传达给公众。

方格：这很可惜。你们是怎样处理来自公众的压力的?

罗杰·比奇：我们一直以来都在尽全力回答公众的疑问。我们和宗教团体、女性团体交流，和医生与律师交流，和年轻人与老年人交流；我们做了很多演讲、开了很多会议。来自各个人群的疑问其实非常相似，我们尽量保持开放的态度，向他们阐释科学，告诉他们我们为什么对转基因作物的安全性有信心。

那时候关于转基因安全性的研究也越来越多，我们也越来越确信，转基因技术是人类最好的科学手段之一，它非常安全。但我们很难把这个信息传达给大众。

在1995年至1997年间，大量环保主义者开始给政府和科学家施压，他们担心转基因会导致环境安全问题；与此同时更多的人开始忧虑食用转基因食品会不会给公众健康带来安全问题。这些呼声越来越高，并且开始影响政府决策。但科学研究没有受到影响，科学本身依然在持续进步。反对声不断增强，开始影响到法规和政策的制定者；虽然他们的忧虑毫无科学基础，那种忧虑和问题仅存在于他们大脑里。

方格：随后政府是如何处理公众舆论和科学之间关系的?

罗杰·比奇：美国政府所坚持的政策是，依据科学来做决定。新的转基因作物品种由三个机构做评判：FDA负责衡量食品安全，EPA（环境保护局）负责衡量环境安全性，USDA（美国农业部）负责衡量可否种植这种作物。

这些机构衡量转基因技术应用的不同方面，他们很清楚大众有非常多的疑问。最终，对于每一种参与评价的转基因农作物来说，政府部门都会基于农产品的安全性来做出决断。请注意：他们不是依据转基因技术的安全性[①]，而是依据每一种农产品本身的安全性。

越来越多的新作物和新品种出现在市场上。因为政府的决定主要是基于科学做出的，科学告诉我们这项技术是安全的，于是继续向前发展，公众反对的呼声高涨之时，政府依然允许转基因产品继续生产。但作为消费者，你可以自己做出选择，是要转基因苹果还是非转基因苹果、转基因玉米还是非转基因玉米。

最近，美国国会决定为公众提供每一种食品的信息，现在我们可以扫描食品包装的条码，确认其成分是否为转基因。无论哪种情况，政府机构做出决策的根据都是，他们知道转基因食品是安全的。所以，安全性已经不是问题了，现在的问题是公众是否会接受。

方格：据我所知，在2000年前后，美国曾有极端组织，比如绿色和平组织冲击科研机构、破坏试验田。科学家团体和政府部门如何处理这类事件？

罗杰·比奇：如你所说，在美国，2000年到2002年期间发生了很多次示威活动，但政府仍然继续实施整个管理过程，科学家们继续他

① 转基因技术本身的安全性并无问题，无需再做评估。——编者注

们的研究工作。这些反对声开始激烈化，他们破坏试验田，对科学家发表恐吓言论，威胁要袭击他们的家人和实验室。但科学家没有停止他们的研究，转基因的理念和产品持续走向成熟——因为这一开始就是理性之举。

过去的四五年中，这种抗议声逐渐回落。我们吃转基因作物吃了20年，没人因此出现头痛胃痛、过敏或迟钝等症状，也没有引起不孕不育和其他问题，一切正常。此外，我们还拿小鼠、牛、蚯蚓等处于生物多样性链条上的动物做了实验，转基因对这些生物也没有任何负面影响。

我们面对的难题是实际操作中可能出现的问题，比如抗除草剂的作物，我们施用除草剂来控制杂草，有时候农民会使用过量的除草剂，这可能会使杂草产生抗药性。这不是科技本身的失败，而是化学制剂使用过量或不当导致的。

目前这个时机很有趣，就在一些人出于各种原因反对这项技术之时，许多农民却正在学习如何使用这项技术，以保证农作物有更好的长势；并且转基因技术在帮助农民的同时，也在为消费者提供帮助。

方格：所以，对于转基因食品的生产和转基因技术产业化，来自反对者的声音基本没有产生影响吗？

罗杰·比奇：这是一个非常重要的问题。抗议活动是否影响了转基因技术的产品转化，答案是肯定的，他们拖慢了整个进度。他们要求政府做更充分的研究，政府听取了这些要求，做更多研究，一遍一遍重复研究。但政府部门最终还是要做出推进产业化决策，这是法律的规定——法律已明文规定，如果转基因产品对环境、动物和人来说都是安全的，就必须通过这个产品。如果消费者反对这项转基因产品，他可以不去购买，这是个人选择，吃什么由他自己选。人们会依据很多因素做出选择，比如食品价格、食物的新鲜程度，或者是否为转基因食品。在美国，这些选择非常重要，消费者在市场驱动经济的背景下做出选择，就像他们购买鞋子、衣物和手机一样，对食物的选择也是一样的。

方格：中国政府似乎有一种愿景，要先改变舆论环境，再推进产业化。你认为这个步骤是正确的吗？美国似乎不是这样做的。

罗杰·比奇：我认为媒体的公正十分重要，媒体要向公众提供必需的信息。另一方面，如果转基因产品是安全的，记者不应该说“有一个科学家说这不是真的”。

这让我想起了围绕疫苗展开的辩论，95%至98%的人认为疫苗安全，3%的人不相信这项科学，认为疫苗不安全；转基因食品面临的情况与之相同，全世界有95%科学家认为转基因技术正确而且安全，其余5%不同意。大多数反对者并无证据，即使有所谓证据也无法接受验证。

科学的真理，并不来自我说了什么，而是我与其他独立实验的科学家一道，共同发现真相。真理不是由某一位科学家发现的，而是许许多多科学家在实验研究中共同发现的。

很重要的一点是，记者应该报道科学共同体的声音，告诉人们大多数科学家的意见，而不是只强调那5%的少数派反对者。因为这5%

科学家的实验数据无法被其他科学家验证，也就不是科学真理。

记者通常想报道双方的意见，但如果一方的观点根本是错的，记者就不应该去报道谬误。我们可以换一种角度来看记者的角色，来自记者的声音意义重大，我们希望记者们能够以科学共同体看待科学的方式来看待科学。了解科学进程的科学记者正变得非常重要，在疫苗、人体基因治疗、器官移植、试管婴儿和转基因以及其他科学领域，记者对科学的了解越多，向公众传递科学真相的可能性就越大。

转基因标识的背后

提要：

科学共同体，都认为我们不需要标识，因为没有任何科学依据支持转基因标识。

不是为了科学上的安全性，而是为了消费者个人的消费偏好而标识。

农民自己和家人都不吃用了太多杀虫剂的非转基因茄子；标识后，农民选择食用转基因茄子，因为上面没有什么杀虫剂和化学制剂。

方格：你如何看待美国2016年通过的转基因标识法案？

罗杰·比奇：转基因食品的标识问题一直是人们讨论的重点，对于科学家、管理者和私营企业来说都很重要。一方面，如果转基因产品符合所有安全标准，那么它就与亲本同样安全。亲本指的是我们基因改造的原始样本。如果转基因作物与亲本安全性相同，法律规定我们不需要做出标识。所以多年以来，包括我自己在内的科学共同体，都认为我们不需要标识，因为没有任何科学依据支持转基因标识。

另一方面，消费者期望信息更加透明。在过去的20年里，我对于转基因标识的看法改变了，因为我对持续变化的消费者权益有了更深的理解，根据我对社会运作和消费者选择的了解，我开始支持转基因标识。不是自愿标识，而是由法律做出规定的强制标识。这种标识可以是食品包装上的条形码，如果你的确想知道其成分，可以去网站上查看它是否含有转基因成分。

成分问题通常很复杂，比如一块糖果、一杯奶昔或酸奶，一杯酸奶就可能包含多种成分，包括人造香料、合成色素等等。如果产奶的奶牛食用的是转基因作物饲料，食品会因此有什么不同吗？不会。消费者有必要知道这些信息吗？或许吧。

再说一遍，不是为了科学上的安全性，而是为了消费者个人的消费偏好而标识。

方格：标识是有成本的，我们有必要为个人的偏好而付出这些成本吗？

罗杰·比奇：这个时代，每个人都很关心自己的食物，包括食物从哪里来、是如何种植的，他们认为，这些信息了解得越多，对自己和家人的健康就越有益，所以认为获取更多信息是有用的。

我可以举一例来说明公众为什么应该有选择权，孟加拉的茄子就是一个很好的案例。有一种害虫对当地的茄子造成了巨大的破坏，为控制虫害，农民每一天或每隔一天都喷农药，这种情况需要持续四个月，也就是每一块田要喷洒120次农药，田地和周边环境中，包括空气里的杀虫剂太多了，结果农民自己和家人都不吃地里的茄子，他们只是把茄子卖到城里。

几年前，转基因抗虫茄子给了农民们一个选择，农民很喜爱这种茄子，政府评测后认为转基因茄子更安全，有意愿的农民可以自由种植，种转基因茄子的农民们，要么不再喷农药了，要么每一季仅使用农药5至10次。农民也很高兴食用这种茄子，因为上面没有什么杀虫剂和化学制剂。农民做出选择，进而改变了市场，市场反响很好，因为转基因茄子表面没有虫眼，品相更好，营养成分也更好。在超市里，女性更倾向于购买转基因茄子，它们既没有虫眼，也没有腐烂变质。所以，转基因茄子对农民和消费者都有利，同时还保护了环境，这一产品的前途非常好。

我相信，此类公众自主选择的案例越多，我们就越有希望有效推进转基因技术的进步。

决策应依据科学而非舆论

提要：

科学的使命是改善人类的生活质量和生存条件，如果科学不被公众信任，科学家就很难继续做研究。如果公众不相信科学数据，整个人类进步的进程会被拖延。

农业的生物性越强，它的可持续性就越强；而基因技术是最具生物性的。

中国面临的不仅是机会，也是责任。中国也应该依据科学来制定决策。

方格：与美国在这个领域的快速发展相反，因舆论压力，中国政府采取了相对保守的措施，很多科学家一生的研究成果可能无法得到应用。但是转基因技术本身是一项应用技术，你认为政府的保守做法对于该领域的科学家以及企业有何影响?

罗杰·比奇：如果公众不信任科学家，科学家就很难继续研究工作；如果这份信任已经失去，就必须寻找方法重建信任。

就我个人的工作而言，当我发现公众不相信我的科学研究，我就转向了另一个科学领域，开始研究细胞和分子，因为我想知道这一切是如何运作的；我的科研成果没有转化为产品，而是重新回到了实验室里。

但我一直在为做转基因技术转化和做抗性作物研究的人们提供建

议，因为世界上有很多人对这项科学技术感兴趣，比如北非和南非，比如东南亚、东亚和北亚。在中国，许多人给我写信咨询转基因技术，他们也来参加了这次会议（2016世界生命科学大会）。

这种不信任将对科学产生破坏性的影响。科学的使命是改善人类的生活质量和生存条件，如果科学不被公众信任，科学家就很难继续做研究。只有正常推进科学进步，我们的知识和思想才会得到更充分的利用。

但是我们中的许多人依然在努力，我们希望自己的声音可以被公众听见，被有权制定政策规定的政府部门听见，我们希望获得更多人的理解，让大家知道我们在做什么。

如果公众不相信科学数据，整个人类进步的进程会被拖延。中国有13亿（现在已经是14亿）人口，未来人口将更多，而土地面积是一定的，要养活更多人，就必须要做出选择，要么砍伐森林、开垦更多耕地，要么做出产量更高的粮食品种。但人们不想施用更多化肥或其他化学制剂，我们因此需要在大自然和遗传基因里找到方法，要将生物学方法应用于农业。我们要减少对农业化学制剂的依赖，它们只可以用于解决紧急状况，我们应该更多依靠作物基因来解决问题。

基于科学数据和实验结果，我与许多科学家的体会是农业的生物性越强，它的可持续性就越强；而基因技术是最具生物性的，我们有机会以此改善农业。

中国面临的不仅是机会，也是责任，应该尽其所能利用好土壤和其他资源，才能造福后代。

方格：据我所知，当前中国政府的主要分管官员，比如农业部部长，很清楚转基因作物的安全性，认为它甚至比普通作物安全性更高，但是他们面临着公众舆论造成的困境。

罗杰·比奇：当下有非常多的声音反对转基因和其他技术，这些反对声太过强大，科学家的声音被淹没了。他们强迫政府制定规则，尽管这些规则没有任何科学依据。我因此能够理解政府一方面想推进科学技术进步，同时又因消费者顾虑而止步不前这种状况。中国总理曾经多次提到，他相信科学技术能够促进中国的快速发展。他是一个很有影响力的演讲者，他既了解公众，又不想使科学共同体失望。

克服困难前进的道路之一，或许是在引入转基因产品的同时对其做出标识，像美国一样，把选择权交给公众，消费者可以选择转基因食品，也可以不选。

在某些问题上，科学应该是政府决策的重要依据。科学对于制定决策至关重要，比如高速公路应该如何修建、摩天大楼应该建多高、玉米植株应该长多高等等。作为一位科学家，我一直期望看到政府官员能够依据科学来制定政策，在所有领域都应如此，比如医药、建筑、儿童教育以及食品领域。这是美国的情况，我认为中国也应该依据科学来制定决策。

政府决策的依据

提要：

那些不赞成农业产业化的人，应该回到农村自己种地，他们才能明白农民生活之不易。

如果是让我给出建议，则不会走得如此缓慢，我会走得更快些，因为转基因技术是安全的，转基因食品也是安全的。

政府的职能是为所有人服务；当手握选择权的有钱人试图改变规则，让政府决策只服务于他们而非普通人时，问题就出现了。

转基因育种技术的诞生是一个奇迹，它运转良好，没有任何破坏，这项技术意义非凡，我为身处这一领域而深感幸运。

方格：当前中国政府已经有推进转基因技术产业化的计划，但期望首先通过科学知识的传播来彻底改变舆论环境。

罗杰·比奇：有一件事情我们经常忘记，在这个日新月异的世界，农民的工作非常非常辛苦，有时天气不好，庄稼就毁了。所以，科技和政府的使命之一，是帮助提高农民的生活水平，发展更高效、更安全的农业，农业产业化为农民提供了这样的可能。

但一些城市居民更希望维持小农种植，出于某些原因，他们不希望看到农业的产业化。他们住在城里，而不是农村；我因此认为那些不赞成农业产业化的人，应该回到农村自己种地，他们才能明白农民生活之不易。

中国政府了解未来的走向，他们知道气候变暖将使农业面临更多困难。气候模式的改变会增加困难，人口的增长也会使农业更艰难，他们希望用好的政策来解决这些问题，这是每一个良好政府的分内之事。

美国是混合农业，既有产业化的农业，也有小型农场，它们是共存的，没有任何问题。中国有着非常多的小农种植，据我所知，中国希望整合小农来获得更大面积的耕地，提升农业生产的效率。这个决策是正确的，这和农业产业化有点儿像，但是与美国和巴西的产业化规模不同。农业产业化与整合小农种植有助于提高农业生产效率，可以增加产出，减少农民所耗费的时间。

我希望看到，中国能够推进转基因玉米、转基因棉花的发展，或许未来还会有转基因小麦、大豆，有朝一日或许是水稻。转基因作物有益于我们的环境，这个过程或许很缓慢，但我很高兴看到中国政府已有计划向前推动。

方格：我很同意您的说法。中国为转基因的产业化设定了步骤，第一步是非食用产品，然后是动物饲料，第三步是人类直接食用的食品，你怎么看待这些步骤的设定？这是否在暗示转基因食物可能不安全呢？

罗杰·比奇：中国选择谨慎推进不同类别的转基因作物，在某种程度上对消费者有利，可以逐渐增加他们的信心，慢一点向前走是可以的。但如果是让我给出建议，则不会走得如此缓慢，我会走得更快些，因为转基因技术是安全的，转基因食品也是安全的，但将食品送到消费者手中的确需要花些时间。

我每次都会提醒人们，水果和蔬果对我们的营养健康非常重要，但我们给蔬果施用的杀虫剂也远远多于经济作物，比如玉米和大豆。我希望看到美国政府，推动出台更多有益环境健康和食品安全的规章政策，我认为转基因技术是解决之道的一部分。

营养成分十分重要，食品安全也很关键，我希望看到好的政策和知识可以为我们兼顾两者。要理解这一点，关于安全性的科学知识非常重要。

方格：所以美国有类似中国的“逐步推进”政策步骤吗？

罗杰·比奇：没有。在美国，每一份审批申请都是同等待遇，无论是苹果、番茄还是玉米，这些申请待遇平等，进入流程后以相同的速度接受处理，它们也要经过相同的评估和测试，证明安全之后，就可以进入市场了。

美国和中国的情况有所不同，因为我们相信决策要建立在科学基础上，之后就交给消费者自己选择了。

方格：你如何看待转基因技术在美国、欧洲和中国面临的不同境遇？

罗杰·比奇： 我希望从三个方面回答这个问题。

如果我们把欧洲看成一个国家联合体，这个联合体说他们不想要转基因食品，这主要是因为它们的农业经济由小农和当地食物构成。在这种情况下，食物的数量和质量对他们来说不成问题，他们不需要更多的食物。

欧洲人口没有增长，不需要更高效率的农业生产系统。欧洲人用于购买食物的收入比例比美国高，在美国，我们制定政策提升农业产量，食品的成本降低了，只有那些在小农场、有机农场和本地种植蔬菜的地方，食品价格还很高。有钱人可以购买昂贵食物，他们有钱购买各种各样的食物；然而工薪阶层必须根据收入状况做出选择，比如是否要给孩子买鞋，或购买药物和食物，既然食物是安全的，转基因食物也一样营养健康，他们根据自己的情况选择就是了。

中国经济的变化速度非常快，有钱人群体不断壮大，他们可以选择购买自己想要的食物，甚至可以吃到来自德国的新鲜苹果，他们可以购买全世界各地的食物，这很正常，他们有能力消费这些食物。但大多数中国人依然不具有这样的消费能力，他们只能购买当地或其他地方的食物，这一点与美国很相似。

当手握选择权的有钱人试图改变规则，让政府决策只服务于他们而非普通人时，问题就出现了，我相信政府的职能是为所有人服务，首先应该保证的是食品和环境的安全。

在美国，情况与此相似，但我们已进步到让科学来做决策。在中国，转基因产业化政策推进得十分缓慢，我猜想他们是希望让所有消费者满意。

方格：所以在转基因问题上，你对于中国政府有何建议？

罗杰·比奇：被要求向中国政府提建议时，我通常闭嘴不言，因为我觉得来自一位外国人的建议价值不大。但作为一位科学家，我要力劝中国政府把尽可能多的关注放在和土地相关的科学上面，而不是来自富人们的声音——他们将驱动舆论来阻止转基因技术的应用。政府应该以自己认为对中国最有利的速度来推进技术产业化，保障生产能力、食物和较低的价格。

中国有着一批优秀的科学家，他们可以向政府提供建议，由政府来做出决策。我这种稍作停留的外国学者，可以带来一些观点，但决策制定的最终依据是政府收集到的各种情况。我们需要政府制定有利于科学技术发展的政策，并要建立在保证食物安全和环境安全的基础上。

转基因育种技术的诞生是一个奇迹，它运转良好，没有任何破坏，这项技术意义非凡，我为身处这一领域而深感幸运。在生物制药领域，有些药物因为出现问题被下架，或者服用过量会造成伤害；而转基因食品从未发生过任何类似情况，在我从业这么多年里，我从未听说有哪种转基因食品因为不安全被踢出市场。

正如我在今天的演讲中所说的，转基因作物可以在很多方面帮助改善环境，有了好环境，我们的农业才能可持续发展。我们希望土壤更加肥沃（确切地说，我们应该称之为“土壤健康”），就要了解微生物学，了解那些帮助我们改善土壤的细菌和真菌；具有不同基因的不同作物又会对不同的昆虫和菌类产生影响，我们因此有机会让农业变得更加可持续，让基因技术为农作物和有益的微生物服务，包括有益的细菌、有益的真菌；我们可以用这些技术来防止作物遭受病虫害。

在漫长的农业史上，人类通过从前的植物育种和今天的转基因技术，一直致力于保证食物的安全。这太美妙了，遗憾的是因种种原因，我们的声音却并不总是被人们听到。

第五章

中国管理转基因“全世界最严”?

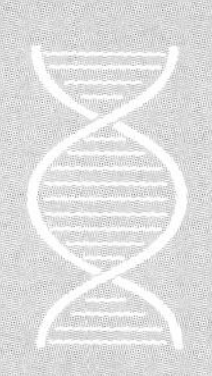

主持人:

陆梅

央视七套主持人

访谈嘉宾:

杨晓光

中国疾病预防控制中心营养与食品安全所研究员，农业转基因生物安全委员会委员

张宪法

农业部科教司转基因生物安全与知识产权处副处长

汪明

农业农村部管理干部学院副教授

转基因产业化路线图与监管

提要:

非法种植被抓获的案例有力地证明了中国的转基因管理体系是有效的。

农民铤而走险的非法种植有力地证明了这项技术是受欢迎的。

安全评价制度的作用就是从源头上保证了将不安全的东西给排除掉了。

陆梅:欢迎来到《基因的故事》系列访谈。今天我们的谈话主题是关于转基因的安全监管与法律法规。首先向大家介绍三位重量级嘉宾。坐在我左侧的是来自中国疾控中心营养与食品安全所研究员、农业转基因生物安全委员会委员杨晓光老师。坐在我右侧的是农业部科技教育司转基因生物安全与知识产权处张宪法副处长。张处作为咱们农业部的官员,是第一次现身说法来参与这样的系列访谈。还有一位是来自农业农村部管理干部学院的汪明副教授。欢迎!

之所以选择转基因的安全监管与法规建设这个话题,是因为前一阵子陕西发生了一件事,农业主管部门发现有人在当地偷种转基因玉米,于是处罚了相关的偷种者,也处罚了售卖种子的违规人员。类似事件并非绝无仅有,其他地方也曾经发生过类似事件。请问三位,对这个事件是怎么看待的?

张宪法：这类事情不是个例。这些案例有力地证明了中国的转基因管理体系是有效的，监管措施是严厉的，我们对转基因监管的承诺“发现一起惩处一起”是有效的。

杨晓光：非法种植是要坚决制止，但是从另一个角度看，他为什么要种？肯定是种植者认为有利可图。以前有人说转基因技术怎么怎么不好，不增产、坑害农民，甚至导致农民自杀，跟目前这种情况、这种现象显然是矛盾的。农民铤而走险的非法种植有力地证明了这项技术是受欢迎的。

汪明：这也说明转基因监管在我们国家已经纳入法律范围，各级主管部门都采取了措施来打击这种非法种植行为。

陆梅：的确，过去一直有人认为我们对于转基因没有什么强硬的管理措施。我想知道，这些非法种植的转基因玉米最后是如何处置的？是被销毁了吗？

张宪法：所有的玉米都被当场铲除、就地销毁。

陆梅：销毁的原因是什么？是因为这些玉米不能吃、有安全问题吗？

杨晓光：就因为他是非法种植的。我们国家有种子法，种子必须是合法的才能种植，对转基因我们更有严格的规定，没有批准的不能种植。但这并不意味着它不安全，种的这些玉米可能是来自美国或其他国家的、已经在那些国家批准种植的玉米，甚至我们还已经从那些国家进口这些玉米。但是我们批准的是进口作为原料，而不是作为种植品种，你要种植就必须获得中国农业部的批准，允许你种植你才能种植。无论是种子法还是转基因法，都确定它是非法种植。所以，铲除非法种植的作物，并不是因为它不安全，而是它违反了相关的法律。

汪明：法律法规不仅只是要惩罚违法行为，它还有一个教育功能，同时也有一个震慑功能。我们对非法种植的转基因作物的种子进行销毁，可以防止后续其他人进行非法种植，起到教育和震慑的作用。

陆梅：从食品安全角度看这些玉米没有问题，我在想，这是不是也说明一个道理，那就是先进的生产力你是想阻拦也阻拦不住的，是吧？为什么这样一个好东西，就不能堂堂正正地在咱们中国的土地上合理合法种植？

张宪法：主持人说得对，纯粹从理性来考虑，是应该让它堂堂正正地合法种植。对于转基因作物产业化种植的问题，中国政府一直非常重视，我们也确定了产业化的路线图，就是由非食用到间接食用到直接食用，统筹考虑各方面因素，循序渐进地推进。

汪明：产业化政策还需要考虑到民众的接受程度。

杨晓光：从食品安全的角度，并不是我们后发展的就没有安全保证。国家制定这个方案的出发点是，在群众还不是很能接受的时候，先从非食用到间接食用再到直接食用，让群众对这个过程有一个了解，对这个技术有所熟悉，慢慢会打消人们的疑虑，可能就不会产生大的问题。

陆梅：几位嘉宾提到要考虑到公众的接受度，客观上看，目前公众对于转基因技术的安全性还是有顾虑的。我作为一个普通公众有这样一种感觉：咱们政府所有关于转基因的处理方式，好像都是非常规的，都把它当作一个特殊事物来对待，你们会有这样的感觉吗?

汪明：从法律方面看，我们有专门针对转基因的法律，相比其他作物来说多了一道法律防线。从这种技术本身看，它代表了一种现代的先进生产技术，我们对待先进生产技术的态度有两个方面，一个是积极推进，另外一个方面，是慎重地推进，保障它能够最大限度发挥积极的、正面的作用。

陆梅：咱们国家对于转基因技术的监管，好像在世界上所有国家当中是最严格的。我因此有这样一个疑问：既然咱们已经证明了转基因食品的安全性，为什么还要进行这么严格而特殊的监管?

杨晓光：这跟这项技术本身的特性有关系。转基因这种技术为什么这么有用?它在育种方面可以打破种属间的隔离。我们传统的杂交育种技术，只能水稻和水稻杂交，辐照育种也只能在麦子或者小豆等某一特定品种内部产生突变，而不能把原来不属于它的基因转到它这个作物里。转基因技术却可以把来自微生物、动物的目标基因转到植物或动物中，所以这项技术非常强大。

强大它有好的方面，也有不好的方面，为了预防它可能产生的不好作用，科学家很早就提出要对这种技术的产品进行严格的评审，做严格的把关，评价它是不是安全的。

从食品安全的角度，我们以往的育种技术也应该接受评价，但实际上并没有这样做。比如辐照育种，就是用射线来照射种子，让种子发生各种各样的突变，把它种下去再看出现了什么性状。这是盲目的，但却没有要求任何评价，认为这个品种好就上市了。但转基因可以把我们原来从来不知道的东西转到食物中，所以对它设定了非常严格的评价标准。

陆梅：就是说，这种前沿技术一旦出现问题，后果往往也是更有杀伤力和破坏力的。

杨晓光：技术是中性的，对于转基因技术，要看你转的是什么东西，最后拿产品来评价是好是坏。从这个角度来讲，我们要防止坏人拿这项技术来做坏事，这种情况理论上是存在的。

我们因此有了评审制度，你转的是什么基因，我们一清二楚，通过它的核酸系列我们可以推导出它将产生什么蛋白，这个蛋白是不是可能致敏，我们都可以判断，就可以避免它产生不良作用，也可以防止好心做坏事的情况发生。

有一个例子，曾经有公司想把巴西坚果的一个基因转入大豆，以此改良大豆的营养品质。在审批的过程中发现，正好从巴西坚果中要转的这个基因对应的蛋白是致敏蛋白——之前没有研究的时候，人们并不知道它是致敏蛋白，正是通过这样一个审批制度，我们才发现它是一个致敏蛋白，随后终止了实验。

实际上我们食物中含致敏蛋白是很常见的，有的人对花生过敏，有的人对鱼过敏，也有人对牛肉过敏。这些都是天然食物，我们并没有研究花生、鱼肉里哪个东西是致敏的，是很多人吃了它们过敏，然后才知道鱼肉、花生里面含有致敏蛋白。

但转基因产品却是事先就要做筛选，第一时间就拒绝了致敏的可能性，从这个角度看，转基因食品的标准也比普通食品严格，实际上也就比普通食品更安全。

汪明：我们在转基因技术监管方面有一个非常重要的制度，就是安全评价制度，设立了国家农业转基因生物安全委员会。这是一套非常有效的制度，它的作用就是从源头上保证了将不安全的、有危险性的东西给排除掉了。

法规的建立：比产业化道路更长

提要：

欧洲对转基因产品严格有各种非科学的原因和设置技术壁垒的原因，他们不希望美国的产品那么迅速占领欧洲的市场。

转基因科研从一开始就在一个严格的监管制度下执行，只不过公众并不知道我们有这个制度，才有那么多原本不必要的担心。

我们国家的转基因安全管理条例涵盖了研究、实验、生产、种植和进口，是一个全环节、全链条的管理体系。

随着技术的进步，我们的法规和标准也要跟着不断调整、更新。

陆梅：世界上其他国家是不是跟咱们一样，关于转基因技术的监管和其他育种技术是分开来特殊对待的?

张宪法：不管哪个国家，它对转基因的管理都是基于一个原则就是保障安全。以美国、欧盟两大经济体为代表，美国也是把转基因单独进行管理，只不过没有单独立法；欧盟则进行了单独立法。社会上一直在讲欧盟比美国更严格，单独立法是很重要的一个原因。

陆梅：能不能借这个机会追根溯源，帮助大家追溯一下与转基因相关的法规是怎么一步一步建立起来的?

汪明：1971年人类最早在细菌和病毒之间完成了基因工程实验。到了1975、1976年，美国国家卫生研究院颁布了关于转基因生物安全监管的操作守则，这应该是关于转基因最早的规范性文件，美国依据这个规则开展了相关的研究。

杨晓光：一开始转基因技术并未用于作物和食品（农业育种），最早出来的是药品，这个操作守则对于转基因规范的管理可能比食品更加宽泛。说到转基因食品安全的管理，应该提到食品法典委员会。

汪明：最开始转基因技术还处在探索性阶段，对它的监管主要集中在实验室的生物安全操作守则，还没有上升到国家的行政法典这样的层面。随着技术的发展，这项技术从实验室走到田间、走到商业化应用，影响范围越来越大，程度越来越深，这时候就需要把它纳入现有的法律监管体系。

美国没有专门对转基因进行立法，他们是将之纳入现有的法律框架之下，由现有的监管部门，包括FDA、EPA（美国环境保护署）等机构来进行管理，其他相关机构在既有职责范围内做辅助工作。

在其他国家推广和应用这项技术的过程中，各国也逐步建立起自己的转基因生物安全监管法律法规体系。中国最早的应用是转基因棉花，但在那之前的1993年，国家已经颁发了基因工程研究管理办法。但是整个体系的完善也经历了一个动态的、逐步发展的过程。

杨晓光：无论什么行业，通常都是产品先行标准滞后。就像汽车行业，汽车研制出来好多年之后，才会出来一个汽车标准。创新的时候大家还不知道这项事物，出来一批汽车后，人们一看有的轱辘大，有的轱辘小，有的轴承不一样，它才需要标准进行统一。转基因食品也是这样一个状态，不同之处是，这项技术诞生之初科学家就认为它是有风险的（主要是最初它是在微生物间完成），因此很早就建立了操作规范。

不得不提的是国际食品法典委员会，它是国际上专门协调各个成员国食品标准的机构。世界贸易组织如果发生食品贸易争端，比如说日本出口水稻到美国，其中含有镉，镉的含量是以日本的标准还是以美国的标准？都不行，要以食品法典委员会的标准，所以它是一个非常权威的机构。这个机构在上世纪90年代已经关注到转基因食品，它成立了一个特别委员会，制定了相应的法规，包括植物的、动物的、微生物的评价准则，之后无论是美国、欧盟，还是我们中国，都是按照国际公认的这个指导性评价原则进行转基因食品安全评价。

陆梅：既然有这样一个统一的规范标准，为何目前欧洲和美国，还在以自己不同的方式来进行监管？我了解到，欧洲以个案审查为原则，美国则是备案制。当某一国家的审查原则跟你说的统一标准发生冲突的时候，他们通常会怎么做？

杨晓光：法规和评价原则是一致的，但是具体实行什么样的法规，是和国情密切相关的。从美国来讲，它是转基因产品的研发国，他们在安全的前提下，就认为不需要束缚这项技术的发展，没有问题的情况下还强调要加快它的发展，尤其是推进他们的出口。为什么他的转基因大豆那么有竞争力？因为他们不用除草，中国种大豆要铲好几遍草，费人工；美国则是机械化一种，一撒除草剂就行了，所以他们的竞争力强，要促进技术产品的出口。

欧洲对转基因产品严格有各种各样的原因，有各种非科学的原因，包括宗教的原因；同时还有设置技术壁垒的原因，就是说他们不希望美国的产品那么迅速占领欧洲的市场。

欧盟一些国家为设置贸易壁垒而对转基因的审批一直保持异常严格的态势，让欧洲一些科学家很不满，他们认为，这么做实际已经影响了本土转基因技术的发展。这也提醒了我们，随着技术的发展，我们要因势利导，我们的监管和评价措施，也要做相应的调整，这样才能跟上技术的发展。既能保证安全，又不影响技术的发展，这样才是一个比较好的法律管理体系。

陆梅：汪老师请您给我们介绍一下，咱们国家关于转基因的法律法规是如何一步步建立并完善的？

汪明：我们国家是较早将转基因技术纳入法规监管体系的国家。早在1993年，国家科委就颁布了《基因工程安全管理办法》，那时就规定要对基因工程的研究进行安全评价。到了1996年，农业部又颁布了《农业生物基因工程安全管理实施办法》，对于农业基因工程的安全审批程序以及相应的法律责任做了规定，更重要的是明确了归口管理。

到了2001年，国务院颁布了《农业转基因生物安全管理条例》，2002年以后，又陆陆续续颁布了五个配套规章，对农业转基因生物的研究、实验、生产经营、加工和进出口做了全面的规范，涵盖了几大制度：安全评价制度、加工生产许可制度、经营制度、进出口制度和标识制度。可以说，这时的法律体系已经涵盖了全产业链、全过程和全环节的完整的监管体系。

陆梅： 不管各个国家有怎样的监管制度，是不是所有的转基因技术从实验室阶段开始，就已经进入了严格的监管程序?

杨晓光： 至少我们国家是这样的，我们农业部按照分阶段来分类指导，从实验室阶段就开始接受监管，单位要有安全委员会来批准，如果你是涉外企业，做实验室研究就必须到农业部去申报；后面还有中间实验、环境释放、生产性实验，最后拿到安全证书。最起码有5个步骤，步步监管。

作为国内研发机构，前面那些阶段本单位的安全委员会就可以批准；但是一做到环境释放，就必须经过农业部生物安全委员会的批准。所以说转基因科研从一开始就在一个严格的监管制度下执行，只不过公众并不知道我们有这个制度，才有那么多原本不必要的担心，因此我们才需要这样的沟通和交流。

陆梅： 我们刚才听杨教授给我们介绍了国内转基因研究的监管程序，也请张处给我们介绍一下，我们对于进口的转基因产品有着怎样的管理方式?

张宪法： 我们国家的转基因安全管理条例涵盖了研究、实验、生产、种植和进口，是一个全环节、全链条的管理体系。条例重要的功能之一就是管理进口转基因农产品。某一种转基因农产品如果想让中国进口，需要满足几个条件。

第一是进口国国内先要批准应用，就是说你在进口中国之前，必须在你们自己国家先用过。

第二，批准之前，中国还要做相关的检测，就是说你说了不算，我们还要委托第三方检测机构重新做关键指标的实验，这是第二道关口。考察他们自己国家的应用情况，加上第三方验证的结果，综合讨论后才决定是否要批准进口。

第三，进口之后还要受到监管；一旦进入加工环节，各省农业行政主管部门要发放合法加工许可证，没有拿到加工许可证的不准进行加工。在发放合法许可证的过程中，需要核查工厂所有的控制条件，是不是有专用的生产线，有没有措施合理处理废弃物等等，全部需要符合监管的要求。并且在进入正常生产加工环节之后，各省的农业监管部门还要定期不定期地去检查。

通过前置检查到后置检查的这一系列监管环节，能够确保进口转基因农产品的安全。总的来说，我们对进口农产品的把关非常严格，大家完全可以放心。

陆梅：您刚才提到条例涵盖好几个方面，研究、实验、生产到进出口。是不是每一个阶段，都有相应的、针对性的具体管理法规？

张宪法：国务院管理条例是2001年出台的，之后农业部发布了四个部门规章，质检总局也发布了一个，这样构成五个规章。农业部发布的《农业转基因生物安全评价管理办法》《农业转基因生物进口安全管理办法》《农业转基因生物标识管理办法》和《农业转基因生物加工审批办法》，质检总局发布的是《进出境粮食检验检疫监督管理办法》，这样就形成了一个全方位的管理体系。

陆梅：咱们是在2002年的时候颁布了《农业转基因生物安全评价管理办法》，中间经过了几次调整，比如说2007年调整过一次，2009年又调整过一次。具体都进行了哪些相关调整？能给我们介绍一下吗？

杨晓光：法规的调整是正常的，不说转基因的，我们的食品安全法规一般也会每5年要进行一次回顾，看是不是需要调整。技术在发展、状况在变化，标准要适应新的生产技术和环境，就必须做出调整。

具体到转基因的管理，我们条例的调整还包括职能的转变，因为国务院职能部门方案也在不断调整。以前卫生部曾经出过一个管理办法，后来废止了，转基因食品安全方面的职责改归于农业部，由此，职能的调整也就必然伴随着法规的调整。

陆梅：是不是可以说，直到2009年的这次调整，关于转基因的法律法规才算完善、成熟？目前这些法律法规够用了吗？

杨晓光：应该说，早在那之前就已经成熟，也是够用的。

当然，随着科学技术的发展，还会有新的技术出现，比如过去从来没有听说过基因编辑这样的方法，现在出现了。美国利用基因编辑技术生产出的一种蘑菇，以前蘑菇容易变色，放一两天会变黑，用基因编辑技术改造之后，生产出来的蘑菇就很不容易变色。对于这种新的产品，之前的评价体系肯定滞后；现在美国已经让这种技术豁免，不把它作为转基因技术来看待，无需像转基因产品一样要做那么多的评价。他们的理由是基因编辑技术没有导入新的基因、产生新的蛋白质，不用做那么多的实验来验证。

随着技术的进步，我们的法规和标准也要跟着不断调整、更新。

谁来管理转基因？

提要：

从安委会专家的组成来看，所有专家来自12个部委和大学，大部分的专家都不从事转基因技术研发。

在制度上，我们已经避免了既当运动员又是裁判员这样的情况出现。

参与安全评价的机构和机构之间的利益应该也会发生冲突，本身就有一个相互制约、相互监督的作用。

这套制度能够保证我们安委会做出的评价结论经得起实践的检验、历史的检验，能够确保做出的每一项决策、每一个评价案例都是铁案。

陆梅：现在很多对转基因持反对态度的人说，我们不怀疑咱们国家出台了很多关于转基因的法律法规，但问题是法律法规出台以后，你执行的效果怎么样？甚至有人提出，咱们的转基因安全监管存在运动员兼教练员现象。杨晓光教授是农业转基因生物安全委员会委员，我想你对此最有资格回答。

杨晓光：要进入安全委员会，首先应该对这个专业有相当的了解，即应该是所谓的行家，要懂转基因是怎么回事，要不然这个委员会发挥不了作用。如此，就需要有一些从事转基因技术研究的人入选委员会。

这并不等于评审的时候他们就一定是运动员又是裁判员。从安委会专家的组成来看，所有专家来自12个部委，包括来自卫生、质监、食药局、环保部的，另外还有来自大学的，大部分的专家都不从事转基因技术研发，但他们对转基因技术是熟悉的。

另外，我们做项目评审的时候，对于产品是一个一个产品地审批，如果遇到了某个产品跟某位安委会成员有关联，不要说是他研发的，即使是跟他同一个法人单位的他都得回避。比方说你是农科院某某所的专家，在讨论某某所这个作物的时候你就得出去，你更没有表决权。在制度上，我们已经避免了既当运动员又是裁判员这样的情况出现。

汪明：安全委员会有来自各个方面的专家，有研究食品安全的，有研究环境保护的，还有包括疾病控制等方面的，它的人员构成非常科学。而在最关键的评审环节，我们从源头上就能保证防止既是运动员又是裁判员这种现象发生，从科学上保证了结果的公正性。

我讲一下我2016年9月份参加部里面转基因督导的过程。我是去江苏南京参加实验基地的检查，做了几项工作，从大门有没有专人看守、有没有专门的监督电话开始；走进铁门之后，里面种植的试验田有没有采取物理隔离措施，水稻或者小麦上面有没有采取塑料棚布的隔离，防止它扩散上去；上面有没有隔离网，防止鸟进来；它四周还有很高的院墙，包括它的用水都采取了隔离措施，防止种子顺水流到外面去。出来之后，我们现场抽检了隔离墙之外的小麦是否受到了“污染”，现场进行快速检测，结果全部都是阴性。

这是一个鲜活的事例，从中可见我们的监管非常到位，是真实有效的。

张宪法：我们国家的转基因安全管理，从管理体系来讲，第一，国家有12个部门组成的部级联席会议，这里面包括了食品、质监、环保、科技、海关等各个部门，是多部门共同决策的。

第二，为了保证安全评价的科学性、客观性、公正性，我们还有42家第三方检测机构，还有技术标准委员会，从不同角度来进行把关。

且不说回避制度，即使在实际操作过程中，这个评价过程也能解决既是运动员也是裁判员的问题。怎么解决呢？实际操作中是分三个组来对同一个产品进行评估，那就是食用安全评价组、环境安全评价组，还有一个分子特征评价组，三个组分别独立评审，过程中任何一个组、任何一位专家提出任何一个具有科学性、站得住脚的问题，这个产品就不可能通过安全评价。

这套制度能够保证我们安委会做出的评价结论经得起实践的检验、历史的检验、公众的检验，能够确保做出的每一项决策、每一个评价案例都是铁案。

杨晓光：我还想提醒大家一点：我们这些负责评价的专家也不是凭个人好恶、凭个人感觉就可以给出同意或不同意的意见的，这里有评价原则，各项要求在评价指南里写得非常清楚。拿食用安全评价来说，在每个阶段都要求提供资料，比如说你做没做过敏性比较试验、做没做成分含量的测定、这些指标是哪个机构做出来的，你都得拿出数据，我们才能据此判断。专家是按照评价指南来对号入座，一项一项查看，然后给出结论是同意还是不同意。

陆梅：不知道我理解得对不对，我认为机构和机构之间的利益应该也会发生冲突，本身就有一个相互制约、相互监督的作用。拿杨晓光教授的疾控中心来说，你们的职能就是发现问题。

杨晓光：确实是这样。我做转基因食品的安全性研究，如果所有实验都是阴性结果，我很难发文章。如果我要做出一篇是阳性的，发现转基因产品中有什么安全隐患，我就可以发一篇非常高水平的文章。到现在为止我做了十几年了，我还没有发表这样一篇文章。

陆梅：从发表学术论文这个角度，我为杨教授抱憾；但作为一个公众、一个消费者，听到您这样的结论，又让我非常欣喜和放心。

为何说中国管理转基因“全世界最严”？

提要：

从立法的思想，立法的体系，再加上执法实践，几个方面看，我们的转基因监管与国际上其他主要国家相比较，确实是更加严格的。

对非法种植的行为，哪个国家的出发点都是一样的，都期望依法办事。

陆梅：都说中国是全世界对于转基因管理最严格的国家，远比欧洲、美国、日韩都要严格。我想请三位介绍一下，它的严格具体体现在哪些方面？能不能给我们举一些例子，让我们有更加直观的印象，直观的认识？

杨晓光：从食品安全评价来讲，总的来说，各国都是按照个案评价的原则，评价都有必要的规定动作，对比来看我们的规定动作最多。比如说我们无论什么产品都必须要做大鼠90天喂养的实验，在毒理学上，这相当于是慢性毒性试验，其他国家没有这样的硬性规定。

我们国家为转基因食品的安全评价专门设立了非常多的标准，研发了一系列的标准体系，而其他国家多数都是借鉴于其他的标准，因此从标准体系来讲，我们更加完善。

对于安全评价举证资料的要求，我们可能也是最严的。美国是研发公司自己的实验数据也接受，包括急性毒性实验、致敏性试验，只要是你提交了，FDA就认可。他们的管理逻辑是：你说安全，好，我相信你；如果出了问题，我就狠狠地处罚你。

相比之下，我们中国采用的是预防原则。或许可以说，我们的企业诚信还没有达到人家那样的程度，因此对研究资料的要求要高得多，关键资料需要来自独立的、有资质的单位提供才能算数，从举证资料来讲我们比美国严格多了。

从标识的标准看，我们也比人家更严格。比如说大豆油，如果加工原料是转基因大豆，我们就必须标识。而像日本这样的国家，只要是大致不含转基因成分的产品，就不必标识。大豆油中基本不含蛋白质，也几乎不含核酸，所以在他们国家就可以不标识。但是在我们中国就必须标识。

张宪法：中国的监管比别的国家要严，严在哪儿？我个人是这么理解的：

第一，从我们国家的立法思想看，我们和欧美两大经济体是既有交叉也有重合。美国是在原有的法规里面增加新的条款，没有对转基因单独立法，并且他们是针对结果，即针对最终的产品进行管理。欧盟是针对过程，他采取了预防原则，就是说你只要用了转基因技术，我就先默认你可能会有风险，从而针对研发的全过程进行管理。

我们国家是中和了欧美两大经济体的立法思想，既针对过程也针对结果，既讲科学原则也遵循预防原则，整个过程更加严格。

第二是体现在我们的法律法规体系上，我们是一个条例五个规章，再加上《中华人民共和国种子法》《中华人民共和国食品安全法》（以下简称《食品安全法》），配套的法律法规非常完善，形成一个完整的体系。

第三个方面体现在我们的实践中。我们国家规定安全评价要分五个阶段，从实验研究、中间实验、环境释放、生产性实验，到最后发放安全证书，环节多而严格。并且在评价指标方面，我们在遵循国际评价指南和原则的基础上又增加了一些新的指标，这些都是国际上没有要求的指标。

我们的执法实践还体现在我们的监管制度设计中。第一，我们转基因监管是属地化管理，各省转基因监管的情况将纳入农业部的绩效考核，这样一来，各个省委省政府都必然非常重视。这是非常重要的一项制度设计。

第二个制度设计，就是对监管的信息实行月报制度，各个省根据农业部的要求，逐级给出月报，我们可以随时掌握各省的监管情况。

还有一个制度设计就是约谈制度，对发生问题的、处理不及时的、处理完不公开的，我们会约谈地方一把手，如此层层传达压力，让各级政府都重视起来，把转基因的安全监管纳入工作的重中之重。

2016年我们派出了17个督查组，覆盖全国各个省，包括所有的科研基地，并且我们采取随机抽查措施，你说没有，我抽出来了，就要严厉处理。

从立法的思想、立法的体系，再加上执法实践，几个方面看，我们的转基因监管与国际上其他主要国家相比较，确实是更加严格的。

陆梅：我听说有这么一个事，在巴西、阿根廷，也曾经发生过类似于咱们陕西发生的那种违规种植事件，也就是有农民未经许可就种了转基因种子，结果政府发现以后没有对他们严厉处罚，更没有没收销毁，而是干脆就将其合法化、允许他们种植了。确实有这样的事情吗?

杨晓光：在巴西和阿根廷，确实曾经发生过农民把转基因的产品种到自己的地里，并且由于太多的农民都种了，处罚已经很难执行，最后干脆就批准了。这一行为建立在三个基础之上：这种产品的安全性没问题，农民确实需要这种技术，不存在知识产权问题。

张宪法：不同国家都会依据自己的国情处理，但对“非法种植”的性质，大家的认识不会有大的差别。举一个例子，美国转基因小麦如果未经批准扩散了，我们定义它为非法扩散，美国针对这种事情采取的措施也是严厉打击、立马铲除，甚至包括第二年的自生苗都要重新检查。他们对非法扩散也不存在容忍、放纵这种倾向。对非法种植的行为，哪个国家的出发点都是一样的，都期望依法办事。

陆梅：就在我们大众不知晓的情况下，我们的农业部日常已经在做这么多、这么繁琐的工作，已经从制度上、技术上、从各个层面在保障转基因产品的安全性。我还想问问杨教授，咱们国家的转基因产品食用安全性检测都包括哪些方面?

杨晓光：包括四个方面，一是营养检测；二是检测所转的这个基因表达的产物，也就是蛋白，检测它的毒性；第三是检测致敏性；最后还要考虑所谓的非期望效应，就是原来我们想要什么结果，但过程中可能会出现不是我们想要的一种结果。就像巴西坚果那个案例，本意是想做大豆的品质改良，结果发现目标基因转录的是一个致敏的蛋白，这就是属于非期望效应。要从这四个方面按照指导原则，一步步做规定的实验。

陆梅：我相信咱们对转基因技术和转基因食品的监管已经是足够严格而有效了，但我产生了一个新的问题；转基因技术的应用能带来很多的收益，如果监管过度严格，从而影响到这项技术的正常发展和应用；或者如果过度监管的话，由此带来的成本增加甚至可能会高于我们转基因技术带来的收益，是不是会得不偿失？

汪明：对照其他国家来说，我们的监管条例是比较严格一些，但是并没有显著增加生产商、经销商、消费者的负担。举一个例子，中国大规模种植了转基因棉花，但是严格监管并没有显著增加咱们转基因棉花商业化种植的成本。

杨晓光：我们制定的法规一开始相对严格，可能对研发是有一定的限制，但是在保证安全的前提下，我们走得稳，这样可能走得更好，可以走得更远。等我们有更多产品上市之后，逐渐熟悉了转基因的管理程序，相信我们会对法规进行相应的调整，这样可能会更有利于我们产业的发展。

地方法令不可违背国家大政方针

提要：

发展转基因技术是国家战略，与国家大政相违背的地方法令，毫无疑问是无效的。

陆梅：最后我还有一个跟法律相关的事：前几年甘肃省某一个领导提出，要在张掖境内杜绝转基因食品；最近在黑龙江省也有类似的举动，声明要严禁转基因作物的种植。从法律角度看，这些地方官员发出的指令或者声明有效吗？

汪明：首先，我们国家对于农业转基因食品安全有专门的条例，是国务院的行政法规，它的效率是基于全国范围内，凡是在中国境内的各个省，都应该遵守、遵循这个条例的相关规定。无论是地方的行政法规，或者是地方的规定、办法、行政命令，它都首先应该遵循国务院的行政法规的规定。这部规定里面对于合法获得安全证书的、依法允许上市进行商业化种植的转基因作物品种，就可以在中国境内种植、生产、加工、应用及进出口，无论在哪个地区。

地方上制定相关规定的时候，必须遵循国务院既有的规定，与国家大政相违背的地方法令，毫无疑问是无效的。

杨晓光：很简单，我们已经批准进口的转基因大豆，生产的豆油不能在某个地方卖吗？你没有这个权利制止。国家批准的可以进口作为食物原料加工的产品，它作为产品流通，就不应该受到地域的限制。而且从法理来讲，地方法规是下位法，应该服从国家的上位法，张掖地方政府或地方官员没有权力来制止国家上位法允许流通的东西。而非法的东西在哪儿也不能种，黑龙江的声明要么是无效的，要么就是废话。

张宪法：首先要明确，发展转基因技术是国家战略，转基因的研究、应用都属于国家战略。习近平总书记曾经对转基因谈过这么几句话：首先转基因是一项新技术，转基因产业是一个新产业，有着广泛的发展前景。这样就给了转基因一个明确的定义和定位：是有广泛的发展前景的、要大力发展的一项新技术。这样才有下面的两句话：第一，要积极研究，要抢占技术制高点，要有我们自己的自主知识产权，我们国家的粮食市场不能都让跨国公司占领了，也就是要大力发展自己的技术；第二，要在确保安全的基础上，稳妥、审慎地推进产业化应用，要把涉及安全的因素都考虑到。这是总书记对转基因的定位，也是对转基因的要求，也就是我们工作的目标。从这个定位来看，转基因是要发展的，方向是明确的。

中央一号文件也对转基因的产业化工作进行了部署，2015年的中央一号文件明确了转基因工作的三大重点，就是科学研究、安全管理、科学知识普及三大任务。2016年提出在确保安全的基础上要推进产业化。从中央一号文件的部署到国家启动转基因重大专项，到各级政府，到所有的农业生物领域的科学家，都在全力以赴地做这个事情——作为国家战略，我们始终不能动摇。

其次，我们国家对转基因的管理遵循《农业转基因生物安全管理条例》，这是国务院发布的，这个条例里面没有要禁止种植、禁止使用、禁止生产转基因产品的条款和要求，也没有对各省做出授权，你可以出台禁止转基因应用的法律法规。从这几个方面来看，地方政府出台这种地方性法规，来禁止转基因的生产、应用、种植等等，是不合适的。

陆梅：三位的观点高度一致，对这个问题的看法是相同的。

非常感谢三位，今天跟我们率直地分享了关于转基因法律法规建设、管理体系等等相关的各自的研究成果，也给我们举了大量生动翔实的例证。之前很多担忧或反对转基因的人，是从转基因的安全角度来提出质疑，这时候我们的科学家现身说法，让我们听到科学的、理性的声音，告诉我们转基因技术和转基因食品的安全是没有问题的；于是很多反转人士又从转基因的法规建设和管理体系角度来提出质疑，今天三位嘉宾也是现身说法，让我们清楚无论是在法律法规还是在管理体系方面，都是可靠的，告诉我们尽可以放心地去接受转基因作物和转基因食品。再次感谢各位关注我们《基因的故事》系列访谈。

第六章

关于标识，你应该知情什么

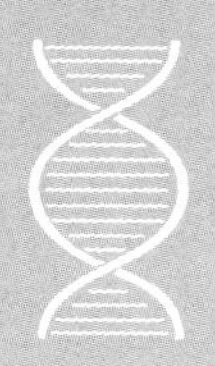

主持人：

陆梅

央视七套主持人

访谈嘉宾：

王晨光

协和医学院教授、美国天普大学

斯巴罗研究所客座研究员

姜韬

中国科学院遗传与发育研究所高级工程师

李菊丹

中国社会科学院法学研究所副研究员

当“有机”遭遇转基因

提要：

说某个产品中“不含转基因成分”，或者说“我家餐馆食品中不含毒药”，这里面隐含有对比广告的意味，可能涉嫌不正当竞争。

无论是“有机”还是“天然”，都不是科学概念，完全是商业的运作模式，没有资格和转基因及其他的育种方式放在一个平台上对话，它们既不是对立更不是平行，而是不在一个层次上。

陆梅：欢迎来到《基因的故事》系列访谈，今天我们来聊一聊转基因的标识和知情选择的问题。首先向大家介绍一下三位嘉宾，坐在我身边的这位是这个系列访谈当中第一次出现的女性专家，欢迎中国社科院法学所副研究员李菊丹；第二位是美国托马斯·杰斐逊大学副教授、癌症中心研究员，美国天普大学斯巴罗研究所的兼职教授，客座研究员王晨光；还有一位是中科院遗传所高级工程师姜韬。

今天三位分别代表不同的专业领域，王老师是医学专家，李老师是法学专家，姜老师是生物学专家，我想听听三位来自不同领域的专家，在转基因标识和知情选择上会有怎样的观点。

为什么会想到这个话题？可能跟我的一位同行，也是一位主持人最近的行为有点关系。我个人对这位同行的主持能力是非常欣赏的，他也拥有非常大的粉丝群。最近这位同行非常高调地宣布，他从现在开始以会员制的方式公开销售非转基因食品。这让我产生一个疑问，在我看来，咱们平时吃的食物，大多数都是非转基因食品，为什么他非要单独把非转基因食品这个词汇提出来并加以强调？据我所知，现场的许多热心观众之前曾经组织过一种活动，召集热心网友来公开品尝转基因食品，将此作为转基因科普的一种方式，可见在目前的中国，要吃到大豆油和木瓜之外的转基因食品并没那么容易。

王晨光：我想这个问题并没有什么可奇怪的，如果我们往回看两三年，这位主持人就已经做了很好的铺垫，起码是成功地让一些人相信转基因是不安全的，有了充分铺垫之后，现在才可能把他所谓的有机食品奉献给他的粉丝群。“非转基因”跟“有机”食品在很多时候是被混淆着宣传推广的，以此为卖点，许多时候在商业上都应该被纳入欺诈的范围。

李菊丹：在对食品的宣传中，他应当符合《中华人民共和国广告法》(以下简称《广告法》)的规定，《广告法》中明确提出广告的用语不得含有诱导和欺骗消费者；另外，即便他的标签是真实的，也要有认证的要求。具体案例当中，法律上必须要根据证据做判断。

姜韬：在技术上还是要质疑一下。现在食品的销售概念非常多，大家比较熟悉的叫作有机食品，有机食品跟转基因是不是可以并列呢？不能并列。转基因是一个科学术语，是一个科学概念，有明确的内涵和定义。有机是商业概念而非科学概念，不能跟转基因对立或并列。这位著名的前主持人要推销非转基因食品，他就需要经过有关部门的认可和认证，并且要接受监管机构的监管。在没有监管机构允许的情况下，单方面宣布我是什么样的食品本身就有问题，这点我更倾向于王晨光教授的观点。

王晨光： 电视广告商大伙儿接触很多，经常说“健康生活只用非转基因”，这句话在法律上有没有问题？

李菊丹： 其实关于这样的问题，农业部科教司在2015年的时候曾经以非法律的形式提出过意见。当时包括央视在内的各大电视台广告中，出于商业的需求，向公众暗示非转基因的食品要比转基因的食品更安全、更健康。

世界各国，包括美国、欧盟、日本，大部分的国家都有转基因产品的生产销售和消费，大家共同的认识是所有经过安全评价、经过审核的投入市场中的转基因产品，都认为是安全的。比如在美国，法律明确规定产品标识中不得反映转基因食品要比传统的食品更安全或者是更不安全。在美国和日本，对有机食品或者非转基因标识也有严格的认证，日本法律明确指出，标注非转基因食品之前你必须要取得官方证明。

王晨光： 刚才的解释依然不能让我明白，对于刚才我举的例子，有没有精确的答案，是或者不是。比如一条街上有数家餐馆，我家的餐馆门口写了“本餐馆食品不含毒药”，能打这样的牌子吗？

李菊丹： 从转基因法律法规的层面没有禁止这样的语言，但是事实上这样的语言表达会造成混淆。说某个产品中“不含转基因成分”，或者说“我家餐馆食品中不含毒药”，这里面隐含有对比广告的意味，对比广告通常是用反不正当竞争法来处理。这种隐含意味的表达方式，有点像是打了法律的擦边球，给它定义为不正当竞争可能还有难度。

陆梅：我这位同行的行为，似乎可以界定为是帮他的目标客户做了一种商品的选择，并且主动对商品做了标识。正如那些电视台中标榜“非转基因食品”一样，类似于这样的广告，好像并没有触犯法律。

李菊丹：法律上要求因果之间关系链要非常明确才可以定性。

从公众的角度看，这位主持人开这样的公司、做这样的声明，和他前面的一系列行为联系起来会产生两种理解。第一种，会把他目前的行为纳入他前面的行为范畴去理解，认为目前的行为是其之前一系列反转行动的组成部分，或者是一种延续，这么理解也是很正常的；第二种理解，就像王老师说的，他前面那一系列行为是为后面的商业行为做铺垫的，作为普通人来说，做这样的理解我觉得也很正常。

但是从严格的法律角度来说，作为法官就不能进行这样的推断，必须要有事实证据，建立因果关系链，才能确定他这个行为的性质。

姜韬：我要补充一点，这位前主持人对于转基因有一个影响较大的片子，里面明确讲过，吃有机食品会有怎么怎么样的好处，甚至可以治疗肿瘤。我相信许多人对此会有印象。我想咱们听听李老师怎么解释有机食品的定义。有许多国家定义有机食品里面不能含有转基因，这有没有道理？

李菊丹：从法律程序上说，至少在农业部那里，有机食品是有认证的，经过有机认证的食品就属于有机食品。具体判断的要素和标准则属于技术问题。

姜韬：“有机”是个商业概念，是对种植方式的描述；转基因则是一种育种技术。说有机不是科学概念是有充分根据的，所谓的有机，实际上是对整个培育过程的描述，表示种植过程中没有用到无机的化肥和农药。其实化肥大多是有机物，比如说尿素就是有机物。他们认证的时候，要求用有机农药来抗虫，但却不能包括转基因，这很突兀。转基因既不属于农药又不属于化肥，为什么刨除转基因呢？有机这个概念要树立一个对立的对象也不应该是转基因，因为转基因跟有机并不是在一个层次上。

有机农业在氮肥这个角度上是没法满足的，不可能形成闭合的氮循环。我们用有机肥料给植物施肥，植物产生了粮食，这些粮食的回田部分产生不了它需要消耗的有机肥料，它必然要从别处吸取无机氮肥，解剖这个细节可以让大家知道，有机是寄生在化学农业上的一个“奇葩”。这一点王晨光教授可能更清楚，他是代谢领域的专家。

王晨光：我完全同意这一点。无论是“有机”还是“天然”，都不是科学概念，完全是商业的运作模式，没有资格和转基因及其他的育种方式放在一个平台上对话，它们既不是对立更不是平行，而是不在一个层次上。

姜韬：转基因是一种育种技术，它应该并列的是太空育种、杂交育种、化学诱变育种以及辐射育种。有机农业生产商攻击转基因，是为了找一个对立对象，说别人不好说他自己好，这显然违反了《中华人民共和国反不正当竞争法》。

李菊丹：姜老师前面对有机概念的解释我都赞同，国家也出台了标准和程序对它管理。这种概念在商业中被正当或者不当运用，我觉得都是正常的。具体到那位主持人，他折腾非转基因或者有机的概念，我们目前还没有硬证据去质疑他的初衷，只有等到他违反具体程序的时候，我们才能质疑他的行为。

欧、美、中如何标识转基因

提要：

关于美国的这个新法案，建议大家记住两点，第一，FDA依然坚持转基因自愿标识，没有变；第二条，推动这条法令的依据和安全性毫无关系。

尽管欧洲的转基因食品接受度不如美国高，但是政府主管部门对转基因还是清醒的。

我们中国是坚持定性标识，从实践看，这种定性标识执行起来实际上非常困难，所以目前也在讨论，这种标识规定是不是应该做一些变化、调整。

陆梅：无论是转基因还是非转基因的食品，关于其标识，各国都是有一定约束，有规范的。最近对于转基因的标识和知情问题关注度非常高，导火线之一是2016年夏天美国出台了一部转基因标识的法案，我想请来自美国的王晨光老师给我们介绍一下。

王晨光：我在美国生活了18年，基于我对美国的了解谈谈对此事的看法。

2015年7月份，美国众议院以275票对一百多票通过了这项转基因标识法案。这个法案有几个核心内容，最主要的是禁止各个州自己再对转基因标识问题单独立法。做出这个规定是有背景的，美国北部有一个小州叫佛蒙特州，那之前这个州进行了转基因食品的强制标识立法。众议院一看大事不妙，如果把这个权力放在州里面，势必在农产品流通方面引起混乱。美国经济在很大程度上靠农业支撑，包括我们中国每年都要向美国进口大量的粮食，为了保护国家的利益，众议院赶紧采取先立法的方式，禁止各州再单独立法。美国法律有他们的特定程序，经过一年的讨论，反复协调、妥协，最后达成协议，含转基因成分的食品需要给出标识。

这个法案在参议院通过之后，美国总统也签字通过了，现在已经进入法律程序。并且在签署这项法案之后两年内，这个法案将交给农业部实施。

这个法案一般人会理解为是要对转基因做强制标识，但是它对标识的方式并没有具体要求，你可以在食品包装上写上含有转基因的成分，也可以仅留一个电话号码，谁如果想知道什么成分可以打这个电话咨询；也可以留一个网页让人自己去查找，或者留一个二维码也可以。这种标识实际上是把以前美国一些民众所要求的对转基因食品单独标识，改成了把转基因放到和其他食品同等的位置上，不再对转基因食品做特殊标识，让它像普通食品或有机食品一样，可以通过扫描二维码或打电话等方式来求证。

另外，这个法案也没有给出针对违规的处罚措施，也就是说，某个企业就是不标识，目前看来也不会受到惩罚。后续会不会有惩罚措施出台我不清楚，但是目前是确定没有的。

李菊丹：这个法案备受法学界的关注。对美国的转基因标识问题，中国法学界一直都有研究，对这个法案，我认为要放到美国整个关于食品标识的大框架来了解。美国关于食品标识最基本的法律，是联邦政府的《联邦食品药品化妆品法》，在这个法案当中，没有对转基因食品做特殊的要求，而是要求标识不可以具有误导性和欺骗性。

美国对转基因食品最早采用的是自愿标识原则。FDA发布的转基因自愿标识指导原则里面，有几种情况是要求明确标识的：第一种，如果某种转基因食品产生了该食品原来所没有的新特征，并且原来的产品名称不能显示这种特征，则要明确做出说明；第二种情况是转基因增加了某些营养成分，需要给出说明；第三种，转基因食品涉及过敏源，比如说像西红柿里含有花生的某种蛋白质，如果有人对花生的这种蛋白质过敏，尽管西红柿的口味没有变，也要做出标识。

目前这个新法案授权美国农业部在两年以内给出实施的具体细则，包括标识的具体内容，用怎么样的文字、图案、数字，或者是借助于网络查询的方式来进行；另外还要指明哪些情况是不需要标识的，比如说餐馆中的终端食品。

法案后面还规定了一条，就是关于“非转基因”标签的使用，必须要经过美国农业部授予的有机食品认证，才能标注非转基因。同时也禁止标注转基因食品比传统的食品更安全或者更不安全。

这个框架性法案，可能要比原先的标识规定更靠近普通民众一些，跟姜老师所说的科学原则相比，考虑了更多因素，可以说是做了一些妥协。

陆梅：我个人非常赞同，转基因食品如果添加了别的元素或者改变了某种成分，就需要标识出来。因为如果增加的某种物质能导致人过敏，是会影响到个人健康的。

姜韬：转基因出现有害成分和过敏成分，这个问题至少在我们这儿不会出现。我们做转基因，一个最基本的检测项目就是会不会带来过敏，导致过敏的成分是不允许转到食物里的，如果有这种成分，研发初期就被淘汰掉了。

在美国，关于食品药品安全的负责机构只有一家，那就是FDA，美国人一看是FDA在管，基本上就不会再担心了，他们信任FDA。我们希望中国政府也能逐步获得老百姓这样的信任，也希望这个节目在这方面能有促进作用。

FDA到现在为止依然坚持转基因自愿标识原则。刚才两位解读了美国对转基因标识做出的法案，这个法案的依据是什么呢？是美国农业部下面有一个叫作市场管理局的机构，他们要执行一个《农业市场法》中信息披露相应条款，诉求者说，我们按照这个法律要求给出标识。所以标识和安全性当然没有关系，如果谁说有关系，FDA就不干了。关于美国的这个法案，二位讲了很多内容，我建议大家还是记住我讲的两点，第一条，FDA依然坚持转基因自愿标识，没有变；第二条，推动这条法令的依据是来自市场管理部门的《农业市场法》，和安全性毫无关系。

陆梅：姜老师的态度是美国FDA还是坚持不强制标识。

姜韬：这可不是我的态度，到现在为止，我还没有给出态度。中国政府的态度都是将来要自愿标识，这个大家要明确，千万不要被目前短暂的波动影响你们对未来的期望。

陆梅：可能各个国家不一样，美国是科学开放的态度，欧洲的态度跟美国截然不同，他们是预防为主。我不知道在欧盟，转基因标识状况是怎样的？

李菊丹：我只懂制度和法律的内容，有一些技术性的解读是我的专业不能涉及的。从法律规定来说，欧盟要求所有含转基因成分的食品都应该标识，如果是经过欧盟安全评价过的，标识值的下限是0.9%（即含有转基因成分超过0.9%的都要标注），如果没有评价、审批过，欧洲的食品药品安全局认为可能还有某种风险，则要求的标注下限是0.5%。他们还有规定，只要是技术手段能够检测到的情况下都要进行标识，如果不标识，就要承担相应的法律责任——他们的法律责任是比较重的。

王晨光：谈到欧盟我补充一点。2015年，欧盟有几个成员国要自己提出一个法律，对转基因农产品进行强制性的标识。但是这被欧盟委员会推翻了，欧盟委员会不允许成员国在转基因标识上有自己的法案。由此可见，尽管欧洲的转基因食品接受度不如美国高，但是政府主管部门对转基因还是清醒的。

姜韬：关于欧盟设定0.9%的标识阈值，其实没有实质性的科学意义，怎么可能0.9%以上算转基因，0.9%以下不算？另外，中国台湾设定的是3%，日本是5%，从这可以看出，阈值的设定并不统一，这是因为它并非基于科学。

那么他们为什么不能定性标识？因为定性标识难度太大。我们国家转基因的标识最严格，我们是定性标识，只要含有转基因，不管多少都要标出。

实际上，严格执行定量标识也是很难的。举一个例子，大家吃油饼，假定面粉和转基因没有关系，但用了转基因大豆油，这个油饼算不算转基因食品？油饼里含有的油的比例不好定量，有的人家用油比较狠，有的人用油比较少。定量和定性标识实际操作上都很难，只有列一个表，把表里的内容标上，表之外的就算了，只能这样标识。

从科学角度看，转基因的定义是很清晰的；但是在具体操作上，你要想通过标识转基因成分的方法来满足有转基因“洁癖”的人，是行不通的。因此真正科学的是反向标识，也就是让那些对转基因有洁癖的人选择一种食物，从头开始就不沾转基因的边，甚至操作人员都需要跟转基因没什么关系才行。这个“反向标识”需要那些拒绝转基因的人自己付出标识成本。

王晨光：美国从上世纪90年代开始吃转基因食品，从来没有采取过所谓的强制标识，他们就是采取反向标识。在美国，你如果只想吃非转基因食品，可以选择有机食品，这实际上就是反向标识。这个逻辑如同犹太人要吃特定方式宰杀的肉食，他要在一个区域专门标识、售卖，并且是经过他们认证的。

姜韬：我们国家穆斯林对食品的认证是很认真的，人家自己建立了认证体系，没有影响别人生活。

反向标识的要求，首先不能误导别人，其次还能体现公平公正的原则。

李菊丹：关于反向标识和正向标识的问题，从各个国家来看，美国、日本、欧盟，也包括我们中国，尽管没有要求反向标识，其实都存在着正向标识和反向标识共同使用的情况。

在美国的《农业市场法》中，也认为小型的零售商不存在标识义务，比如说刚才你提到的油条、油饼，都不需要标识，从这也能看出来标识本身不是科学的问题，也不涉及安全性，而是满足公众消费认知和知情选择的问题。美国农业部在执行标识方案的时候，必须要听取公众的意见，这也是有明确规定的。

我们中国是坚持定性标识，2015年通过的《食品安全法》里头有明确的要求，更早颁布的《农业转基因生物安全管理条例》当中也有明确的标识要求。从实践看，这种定性标识执行起来实际上非常困难，所以目前也在讨论，这种标识规定是不是应该做一些变化、调整。

姜韬：日本的另一种做法也许可以借鉴，他允许标“转基因情况尚不确定”，他们可能是发现有些东西很难办，干脆就允许你合法地贴一个形同虚设的标签。

李菊丹：日本有规定，如果明确检测出是转基因产品，那需要强制标识；如果你在生产过程当中没有进行分类管理，你可以标“尚不确定”；另外，日本实行5%的标识下限，5%以下的部分可以标识也可以不标识。

谁来承担标识的代价?

提要:

如果强制食品企业单为他们这个州做出特殊标识，佛蒙特州的民众每年每户要增加1500美元左右的成本。

中国如果要全面执行标识制度，不仅意味着要重新建立实验室、投入先进的设备成本和运作成本，还会派生出更多的问题，包括可能出现的“打假”官司的应对费用、重新建立仓库和运输系统的各种成本。

陆梅: 为什么我希望看到转基因食品转入某些营养成分能够明确标识出来? 我身边有两位这样的朋友，一位对桃过敏，另外一位对芒果过敏。一个吃完桃以后，浑身抽搐；另一个吃完芒果后，浑身长疙瘩，我不愿意看到发生这样的状况。

王晨光: 转基因不太可能发生新增加的成分会导致严重过敏，现在中国对转基因食品的评价标准比药品的都要高。

陆梅: 但还是会有人担心的，如果某一种转基因食品当中含有与桃相关的成分，是不是可以让消费者知道? 目前还没有生产这样的产品，但也许将来技术达到了，总会出现的。

姜韬: 这个是第二代的转基因食品，叫功能性转基因食品。大家一直在纠缠今天的抗虫、抗旱、抗除草剂技术，这个眼界太小了。主持人关心的功能性食品，现在我们也已经研发出来了，比如吃了以后饱腹感正常但是热量很低的大米，将来这个转基因成分保证会标识，因为需要注明其功能。至于有害的产品，前面已经说了，绝对通不过。传统食品如果带来过敏的话，转基因有可能把花生的过敏源去掉，而不可能再增加其他的过敏源，这是我们转基因评估的重要内容。

李菊丹：标识与安全性无关，就如同穆斯林标注他们的清真食品一样，标识转基因也是为了便于那些想吃非转基因食品的人做出选择。

姜韬：李老师讲反了。我们拿穆斯林兄弟们举例子，他们有独特的需求，自己建立了评估体系，没给别人添任何麻烦；按照这个逻辑，就是你不想吃转基因，就自己找一个组织认证，标注你自己希望选择的食品，而不要去影响那些不在意是否转基因的人。

再打个比方，我只想吃五常大米，这个诉求是合理的，但如果我请你们把非五常大米全标出来，以便于我不选，能这么干吗？转基因标识的实质就是这样的无理要求，所以我们才主张做反向标识。

李菊丹：这个问题我有不同的看法。大家对五常大米的看法和转基因是不一样的，对于转基因这样的问题，应该从普通公众的角度出发。姜老师说，标识给大家增加了成本，尤其是给那些接受转基因的人带来了成本，好像接受转基因的人也有很多；我想问您，为什么世界各国仍然坚持有正面的标识，难道仅仅是为了增加成本，让这个产品在市场上销售的价格更高吗？

姜韬：未必需要看别的国家，我们中国也可以按照自己的原则来做。更何况你说的并非事实，FDA一直主张自愿标识，目前尽管有所妥协，但美国农业部还没拿出具体标识方法。

李菊丹：在这个法案通过之前，美国有若干州都出现了问题，要推动转基因强制标识的立法，其中有三个州已经通过了法律，但是由于各种各样的原因，没有真正实施。从美国联邦的角度来说，要阻止各个州单独立法，如果他们单独立法，会加剧美国各州之间的贸易成本。

王晨光：加州也有提案强制标识，但没有通过，为什么？因为这样实际上会损害本州的利益。通过法案的这几个州是在美国比较靠北的，相当于中国的东北三省，有一个小州，佛蒙特州，大概只有六十几万人，州里面农业提供的产值还不足总产值的2%，主要依靠牧业，以生产奶酪为主；这个州很大程度上依靠其他州供应食品，如果他们强制食品企业单为他们这个州做出特殊标识，这个州的民众每年每户要增加1500美元左右的成本。民众要求知情选择权，在这个层面上他知情吗？

姜韬：还有一个研究，针对纽约地区，如果进行转基因标识的话，每户也要增加500美元的成本。

陆梅：如果咱们国家也要跟随美国、欧盟他们那样做标识的话，可能花费哪些代价？

姜韬：中国管理这一块的部门应该是CFDA（食品药品监督管理局），但食品药品监督管理局不具备普遍的检测转基因的能力，意味着要重新建立实验室。建立一个实验室的成本，包括先进的设备成本和运作成本，王晨光教授很清楚，单是一个普通的工作人员经费，一年就是几十万元及以上。

王晨光：这还只是单向的检测成本。

姜韬：对，还会派生出更多的问题。我们中国的情况比较复杂，各种想法的人比较多，如果将来转基因产品都以严格的要求做标识，完全可能会出现一种生意，比如到小店里一看没有转基因标识，我就买东西回去检测，测出来如果含有转基因成分的话，按照有关规定罚款、赔偿。时不常打个官司，食品行业经营者为了应对各种指责，都会增加大量的费用。

其次，既然有了特定的规定，就要重新建立仓库，因为一个仓库储存了转基因产品以后，就不能储存非转基因产品了。还有额外增加的运输成本，包括运输工具，也包括装料的麻袋，都需要专门更换。如果装过美国转基因大豆的麻袋改装大米，这个大米一测就是转基因。于是仓储及运输过程都要设立专门区域，都要增加成本。

李菊丹：转基因标识增加成本是一个普遍的问题，我也看到过一系列的统计数据，包括美国、欧盟，欧盟增加的成本是最高的，大约会达到产品销售价格的16%左右。

你的知情权在被误导

提要：

真正的知情权是要让百姓知道转基因的安全性是怎么保障的。

大家被错误信息误导，是在负值的状态下认识转基因，所以才要求标识转基因。建立在这种错误信息误导基础上的虚假民意又反过来影响了政府和立法者，导致他们也从地平线以下认识转基因，这样看不到阳光。

我们一定要分清楚舆论、舆情和民意，这三者不是一回事。转基因没有改变对食品诉求的民意基础。

美国过去二十几年不主张标识，并不是根据民意所做的选择，而是FDA根据科学的证据来做的决定。

陆梅：几位嘉宾的介绍让我更加了解了转基因标识的难度。但据我所知，咱们国家从2002年开始，就已经确定了转基因的定性标识制度，那时大家对于转基因概念的认知还不是很多，想必不是民意的要求，我们为何要增加成本来对转基因的东西加以标识?

李菊丹：这是因为增加成本和消费者知情选择权利比较起来，有的人会选择后者。

姜韬：关于知情权，我必须提醒李老师，我们花了这么大的精力和时间跟大家进行沟通，都是为了满足大家的知情权。并且，真正应该传达给老百姓的信息，是转基因的安全评估是有权威机构花了大量的时间和精力做的，拿美国的统计数据看，对一个转基因作物进行安全评估，整个过程要花1.5亿美元左右，要由数个安全机构共同参与才能完成这个报告。中国的水稻安全证书花的钱一点不比他们少，花的时间更多。包括各种动物试验，从水生生物到陆生生物，一直到大型饲养动物所做的试验及所付出的成本，远远超过我们公众的想象。也就是说，真正的知情权是要让百姓知道转基因的安全性是怎么保障的。

李菊丹：您是作为科学家来理解这个问题，我是作为民众来理解这个问题的。我也知道经过安全评价的食品是安全的，但是我仍然希望把含有转基因成分的东西给它标出来。标识之后价格可能要比原先高很多，市场上如果出现了那种情况，有他自己的选择，他也许就不选择转基因了。

父母总想把控孩子所有的事情，告诉你这是安全的，这是不安全的，怎样做更好；但是孩子本身应该有自己的成长经历，政府从立法的角度也是一样。

姜韬：但这对于其他那些不在意是否转基因食品的人明显不公平。不知道根本的安全保障，其他那些所谓的“知情”都是虚的东西。另外，我们的立法要有前瞻性，要考虑到后果。

王晨光：今天讨论知情选择权的问题，其实在中国，这原本不是一个问题，是有人拿这个话题来操作民意而已。大伙儿都不能否认的是，我们都吃了二十多年转基因食品了，比如棉籽油，油炸食品里面完全可能掺进一定成分的棉籽油。吃棉籽油二十多年，为什么没有立法？是因为没有舆论。为什么现在有了这种舆论？是因为有人操纵舆论，有人企图从操纵舆论中获取利益。

李菊丹：刚才王老师说我们吃了二十多年的棉籽油，但是我们不知道，当你不知道这个事情的时候，你可能什么感觉都没有，也没有提出诉求的能力；但当大家对转基因技术有所了解，这个时候就需要满足公众的一些诉求；也许有一天大家对转基因普遍了解，转基因产品变得非常普遍，每个人都离不开它的时候，大家自然就接受了，那时一切都正常化了。我想这需要一个过程。

推广转基因技术和产品过程中，要考虑公众的知情权利。为什么农业部要制定规划路线图，从非食用、间接食用到直接食用？有些决策确实不是完全按科学的规则来做，作为政府管理的层面，必须要考虑民众的接受程度。你们认为民意是被某些人炒作起来的，我更直接地问，你用什么样的证据来证明？

姜韬：很好证明。简单问一句：你为什么特别关注转基因？

李菊丹：我没有做这个研究的时候，并不关注转基因的问题，是看到周围买东西的人都在问，这个是不是转基因的？很多人拒绝吃转基因食品。

姜韬：可见你第一次接触转基因获取的就是个负面的信息，这就是你的起点；而这个起点就是人为制造的。

陆梅：对此我持不同观点，我第一次接触到的转基因信息未必是负面的，一开始没有受谣言影响，恐怕我属于零起点认知的人。我的判断依据是什么？依据我掌握的知识，仅仅是觉得转基因不太天然，可能有人为成分加进去，这是我最初的认知。但这个判断并不是来源于任何人的谣言。我也理解有很多人受谣言影响，可能是从负海拔开始，他会对转基因充满疑惑。

姜韬：先说具体的，主持人事实上已经非常明确地告诉了我们，她是从负起点开始认识转基因——因为她之前接触、认识到的关于“纯天然”的信息就是虚假的，就是误导大众的。

在对民意的判断上，一定要把事前已有的舆论舆情分析在内，没有真空中产生的纯洁民意。在科学上，纯天然是个虚假概念，它最多只有美学价值。不知道大家爱不爱吃红薯，我现在告诉你红薯就是转基因而来的，它不但是转基因食品，还是植物的“肿瘤”，你们吃了这么多年，就吃了一个转了基因的植物肿瘤。另外，我们吃的东西，如果真是纯天然的，通常都有风险，经过我们人类驯化的食物才是安全的。即便是我们驯化的植物，如果驯化不彻底，往往也还有风险。大豆已经算驯化得很好了，但是还不完善，大豆里面类雌激素含量高，这对有些人来说并不健康；再比如菠萝，会让舌头刺痛，那是植物的一种防御手段，它分泌的蛋白酶在消化我们的舌头。水稻壳中有防止虫咬的硅质，玉米里面有植酸，这都不利于我们消化吸收其中的营养，会把重要的微量元素夺走，所以我们饮食不能单吃一种，要多样化、均衡饮食。

总之，主持人刚才讲的纯天然这个伪概念，就把你对转基因的认识拉到负面去了。

所谓的民意不是处在真空中的，而是在社会舆论中熏陶出来的，我们的政府和民众要理性看待这一点。作为民众中的一员或者一个群体，即便不理性也没关系，任性都可以；但是有一条，我们生活在一个地球村里，我们有一个原则，就是你的不理性、任性不能影响别人。你对转基因的态度可以就是任性、就是无条件拒绝，但是这个行为的后果你不能让别人承担，得你自己承担，这就是最基本的要求。如同我刚才说的，我只吃五常大米，你们把非五常大米标出来，以便于我不选，这种要求就不行。

王晨光：对于整个社会来说，关于转基因肯定是从负面认知开始的。二十多年前民众不关心转基因，到现在你再去关心转基因，一定是你接受了别人强加给你的认知，这个强加者可能是来自前述某主持人，也可以是来自早先煽动民意的绿色和平组织等所谓NGO，或者是受这些组织影响的二传手公众，当然还可以是政府部门或媒体宣传——很多具有政府背景的媒体在转基因问题的报道上同样存在着大量的误导性。

我们还可以对比有机食品的标识来分析这个问题。商家热衷于标识有机食品，隐含着有机食品要比其他食品优越。但事实上，在欧洲和美国，每年都有好几次蔬菜被召回，几乎都发生在有机食品身上。为什么会出现这种情况？就是因为有机食品更不安全。你现在要求对转基因成分标识，像我们这些清楚转基因食品比有机食品更安全的，是不是更有理由要求你把用了什么样的肥料、肥料经历了什么样的熟化过程等信息都要标清楚?

陆梅：对于这个问题，我的观点是，咱们中国有一句老话“少数服从多数”，不能因为少数人的需求，而让大多数人付出成本去标识。从这个角度看，“非五常大米”标注当然不合理，而标注“转基因”似乎是合理的。

姜韬：民主的实质不是少数服从多数，其原则恰恰是要兼顾尊重少数人的权利，少数人的利益和权力能不能得到尊重，和能否推进民主法制是有重要关系的。我举一个例子，如果我们全民投票表决，要把马云、马化腾的财富全部没收来均分给全部中国人，这个投票很有可能是会通过的，但这显然不是民主，更不是民主基础上的法治。

王晨光：美国有一个大型的民调机构在2015年7月份发布了他们对一系列问题的民调结果，其中就包括对转基因食品的民调，他们从各个角度调查了很大范围的人群，足以代表民众的选择意向。按照对转基因的不同态度分成三个群体，分别是不支持、无所谓、支持，统计发现，哪怕在美国，也是反对转基因的人最多。这再一次说明，美国过去二十几年不主张标识，并不是根据民意所做的选择，而是FDA根据科学的证据来做的决定；而最近这次立法也不是民意的反映，他是为了美国自身的利益，减少州与州之间的贸易成本，这才是他的初衷，绝对与民意无关。

姜韬：美国还有一个调查，问卷在征求大家是不是要标识转基因的同时，还问大家是不是应该标识食品中含有的DNA，结果两者的支持比例是一样的，可见公众没有能力区分转基因和DNA这些基本概念。大家觉得食品有必要标识DNA吗？这是一个问题。

我们一定要分清楚舆论、舆情和民意，这三者不是一回事。关于转基因标识的民意，我讲一下我个人的态度，转基因没有改变对食品诉求的民意基础，人们对食品的诉求没有变化，依然是三个要求：安全食用、物美价廉和容易获得。转基因育种不仅没有改变大多数人对食品的基本诉求，还夯实了这三条。我们一定要分清舆情和民意，不能因为某前主持人吵吵，就以为老百姓对食品的诉求变了。

李菊丹：民意对于食品的要求没有改变，就是健康、安全，这个是基本的要求。但是这样的民意，依然要通过一系列的制度来进行保障。过去15年来，美国坚持转基因自愿标识，并且根据和传统的食品实质等同的原则进行管理，在这样的情况下，为什么2016年这个法案能通过？我们也需要思考。

王晨光：我拿黄金大米事件作为一个具体的例子来探讨立法要在多大程度上照顾民意的问题。为什么有黄金大米这项人道主义项目出现？是因为全世界有2.5亿维生素A缺乏症患者，这里面有40%，也就是一个亿是儿童，主要分布在中国、非洲及其他以大米为主食的贫困国家。在这1亿儿童里面，每年有一百到两百万的儿童因为维生素A缺乏而双目失明及死亡。我们从立法的角度，有没有对这2.5亿的维生素A缺乏症患者加以考虑？他们这个群体几乎不可能发出声音来表达“民意”，也并不清楚你们的立法可能会给他们带来很大的困扰，让他们的儿童因此死亡或者终身残疾。谁更应该关心知情权？立法究竟应该基于虚无缥缈的民意还是实实在在的科学？在这个案例上应该可以看清楚。

李菊丹：消费者才应该关心知情权，我觉得黄金大米跟知情权没有关系。

姜韬：黄金大米可以帮助这个弱势群体彻底解决这个问题，但他们自己根本不知道，他们甚至连自己得病的病因、风险都不知道，怎么可能“知情”并表达出民意？唯一能够帮助他们解决问题的只能是科学家。而现在那些反对转基因的人通过各种方法，包括通过影响政府做出不当的决策、立法，事实上已经阻碍了对儿童的救治。

关于转基因的问题，大家都是被错误信息误导，是在负值的状态下认识转基因，所以才要求标识转基因。建立在这种错误信息误导基础上的虚假民意又反过来影响了政府及立法者，导致他们也从地平线以下认识转基因，这样看不到阳光。

为何立法？为谁立法？

提要：

第一，转基因的标识跟转基因食品的安全性没有关系；第二，转基因的标识是出于消费者选择的需要；第三，目前中国转基因标识的相关法律法规是不够完善的，将来是需要发展的。

可以相信，等到转基因将来更加普及、大家对转基因食品接受程度更高的时候，也许就完全不用标识了。

政府这样的行为，是为了给社会树立信心，所有转基因的产品要经过安全评价才能投入应用，要维护这个秩序。当社会上都遵守这个规则的时候，就有利于转基因的发展。

和美国一样，我们国家发展转基因也是国策，也希望立法方面能够利于转基因国策，让转基因造福中国，做出更积极的贡献。

陆梅：正因为不了解，所以要求有知情权；为了保障知情权，所以要立法确定标识规定。是这个逻辑吗？

姜韬：未必。我先问一句：美国的转基因标识规定是在《农业市场法》上出现的，中国是在哪里出现的？

李菊丹：最早是在《农业转基因生物安全管理条例》当中，2015

年的时候，在《食品安全法》中也有一个标识规定出现。

姜韬：在《食品安全法》里出现，这个暗示很强烈，似乎意味着标识是因为跟食品安全有关系，可是我们已经论证过了，转基因标识无关食品安全，为什么会在《食品安全法》里出现？

李菊丹：按照《食品安全法》，消费者权利当中应该包含知情权和选择权，只是没有把它跟转基因食品联系起来。

陆梅：这个需要我们做科普，告诉消费者，标识是否转基因并不是因为这种食品有问题。

李菊丹：具体什么样的食品才算转基因食品，目前中国的法律当中是没有一个明确定义的，这证明一个问题，我们的转基因技术和产业化发展还处于一个阶段，我们的法律还在不断地完善当中，总之需要有一个过程。

陆梅：有人说，现在对于转基因的法规不是不够用，是太足够用了，乃至于遏制了技术的发展。之前节目中已经有科学家提出，过分严格的管理对于中国转基因的发展很不利，导致中国错失很好的机会。我们的法律在考虑民意的情况之下，是不是应该更倾向于国家战略的实施，来确保我们国家的发展？

王晨光：刚才主持人介绍我的时候，提到了天普大学斯巴罗研究所，我在那边也是一个客座研究员的身份。当年中美建交之后，邓小平出访美国，天普大学授予了他名誉博士，自此，邓小平打开了中国科学的春天。

在转基因这个领域，我们的法律原本更多要考虑的是如何保障转基因产业在中国顺利实施，而不是要用法律增加所谓的监管，这不应该进入法律的层次。就如2015年美国众院提出不让各个州自主立法的时候，第一条就说这不应该是政府的责任，而是企业的责任。

再举一个简单的例子，2015年，绿色和平组织这样一个反人类的组织在东北地区违法调查中国的种植情况。世界上会有哪一个国家允许一个国外的组织到本国大田里来调查种的是什么？但中国的法律没有对他们做任何惩罚，反而惩罚了所谓的不符合监管的农民。

不能单独隔离讨论消费者的知情权，我们考虑过中国的农民没有？农民也应该有知情选择权，但他们现在没有任何选择权。而消费者的所谓知情权，把一个原本不是安全性的问题提到很高的安全性问题，针对一个虚假的问题展开无休止的讨论。标不标，应该是食品生产厂家的选择权，我们不能割裂开，单纯强调一小部分人的诉求，因为我要吃非转基因，你就要把转基因标出来，这已经不是普通的选择知情权，而是一种特权。

李菊丹：关于绿色和平组织的问题，这里面涉及几个具体法律问题，不是法律对他们没有限制，他们私自从稻田里盗取材料，这是法律不允许的。在美国，有人从杜邦先锋的科研田里取到相关的材料，甚至可以追究刑事责任。

绿色和平组织在东北调研数据的问题，具体情况要具体分析，如果他们以组织的名义进行调研，必须要办一系列的手续，要符合法律的规定；他们如果是在没有批准的情况下进行的，那就是偷。

农民违反管理规定种植转基因作物，需要铲除，这也是法律规定的；但同时也考虑到了农民的利益，政府给了农民相应的补偿，使他们的损失减少到最低。政府这样的行为，是为了给社会树立信心，所有转基因的产品要经过安全评价才能投入应用，要维护这个秩序。当社会上都遵守这个规则的时候，就有利于转基因的发展。

王晨光：我想问一个实在的问题：作为立法人员，你们在为相关部门提供立法建议的时候，相信转基因食品是安全的还是不安全的？

李菊丹：我相信是安全的。

姜韬：我跟一些法学界的朋友也进行过沟通，他们中多数人的认知是“转基因的安全性尚不确定”。这是完全错误的一种认识。

李菊丹：在我参加这个节目之前，我已经很清楚，并且想表达几点：第一，转基因的标识跟转基因食品的安全性没有关系；第二，转基因的标识是出于消费者选择的需要；第三，目前中国转基因标识的相关法律法规是不够完善的，将来是需要发展的。这就是我的基本观点。

从法律程序来看，我们要制定一部法律，首先由政府相关部门提出草案，提出草案的过程中会征求社会公众的意见，不管你是出于反转的目的，还是出于支持转基因商业化的目的，收集这些意见，调研、统计相应的人群比例，再交给专家进行论证，最后来做决定。在这个过程中，最终被吸纳的意见有可能是多种多样的，科学只是其中一方面。转基因标识方面的立法就是如此。

可以相信，依据这样的原则，等到转基因将来更加普及、大家对转基因食品接受程度更高的时候，转基因标识方案不仅是在中国，在全世界都会发生根本性的变化，也许就完全不用标识了。

姜韬：这种多因素考虑，权重是什么就不清楚了。十八届四中全会明确指出，我们中国的立法原则比世界其他国家都要明确，是科学立法。我们觉得这个原则很好，考虑到了我们中国的国情，中国民众的文化层次可能比别的国家还要不均衡，这个时候我们要在尊重多元价值观的情况下，倾向于选择一个靠得住的标准，那就只有科学是最靠得住的。对于我们国家强调科学立法，我们应该从这个角度出发，要有更深刻的认识。

李菊丹：你说科学立法，“科学”这两个字的概念，科学家眼中的科学和社会当中的科学，以及政府管理中的科学，具体的内容和含义是有所不同的，这应该不是我个人的意见。

关于立法中是否要照顾民意的问题，尽管能够表达出来的民意和真正的民意之间有差距，而立法是依据各方面表达出来的民意妥协的结果，这些表达民意的是属于什么样的人？是社会上不同群体的代表，依据他表达出来的意见，在法律当中得到体现。姜老师和王老师代表了一部分科学家的意见，我觉得也是非常重要的。

王晨光：从立法的本质来讲，对于转基因更多是为了保护，还是为了制约呢?

李菊丹：既有保护又有制约。从抽象的角度来说这就应该是双方面的。

近几年来，转基因的舆论环境还是有很大的改善，这是因为我们做了很多科普工作，从某种程度上帮助大家到达了认知的另外一个层面。这种变化一方面反映了科学终究会起到主导作用，另一方面，也反映了这种变化需要时间。

姜韬：关键还在于操作层面。我们已经论述过了，进行所谓的定性标识也好，定量标识也好，在操作层面上都是权宜之策，不彻底；从道理上讲，标非转基因食品是唯一能够彻底解决具有转基因“洁癖”的人的选择权的方案。

李菊丹：从科学角度来说，标非转是可行性的选择，但可能这个选择论证了以后，也许会产生一些新的问题。

陆梅：看来各个国家都是这样，明明知道标识是要付出代价的，但他们依然下血本做这件事情。

王晨光：现在不存在一个标或不标，中国已经标了14年了。我们需要讨论的是，从立法层面考虑，到底是要更多建立在科学基础上，还是更多出于尊重已经被误导了的民意考虑。我们期望推动法制进步，将来对转基因不用标识，或者是自愿标识，不要强制标识（李菊丹插话：这将来是有可能实现的）。

姜韬：大家只看到了美国对转基因标识立法，没有看到他们对转基因的大力支持。美国总统有一个生产力发展办公室，1993年就明确转基因是个好东西，总统直接关心这项技术。美国农业部专门有个服务机构，每年就各国转基因发展状况写成报告，包括中国的转基因状况，他们都会写得非常仔细。我们光看到美国立法标识，没看到人家在服务层面做的大量工作。和美国一样，我们国家发展转基因也是国策，也希望立法方面能够利于转基因国策，让转基因造福中国，做出更积极的贡献。

陆梅：谢谢两位科学家的呼吁。关于转基因的标识和知情选择问题，我们可以感受到两位科学家和一位法学家观点上发生了一些分歧，他们都怀着忧国忧民之心，站在不同角度分析这个问题。

今天这番讨论也让我感受到，不仅仅是从事转基因研究的科学家们因面对无休止的谣言攻击而饱受委屈，我们相关的政府决策部门也非常不容易，他们要在如此错综繁杂的环境中制定相关政策，不单纯是以科学为依据，还要考虑民意、舆论等多方面因素，要权衡各方利益而做出决断，还要脚踏实地地推进这些工作。由此，我想各方面角色之间更应该相互理解，相互包容。

再次感谢三位嘉宾参与我们的访谈，也感谢现场朋友认真地聆听和讨论。

第七章

转基因与环境保护

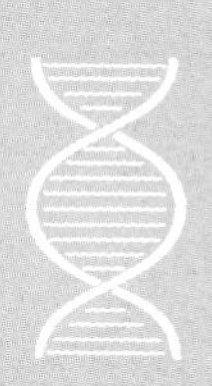

主持人：

陆梅

央视七套主持人

访谈嘉宾：

彭于发

中国农科院植保所研究员，国家973计划农业转基因生物安全风险评价与控制基础研究项目首席科学家，全国政协委员，国家农业转基因生物安全委员会委员

徐海根

南京环境科学所研究员，
国家环境保护生物安全重点实验室主任，
国家农业转基因生物安全委员会委员

孙加强

中国农科院作物所研究员，
国家农业转基因生物安全委员会委员

转基因技术会破坏环境吗?

提要:

全世界种植转基因作物20年的实践证明，转基因作物对生态环境的影响主要是正面的，也就是说，种植转基因作物，生态环境的效益远大于它可能产生的负面影响。

抗虫、抗除草剂的转基因作物对生态环境的主要影响分别是减少了化学农药的应用、有利于水土保持。

调查证明，田间种植转基因抗虫玉米后，帝王斑蝶的数量不仅没有减少，反而还增加了，原因是大规模种植抗虫品种之后，化学杀虫剂的用量大大减少了，反倒保护了昆虫，保护了生物多样性。

“超级杂草”只是一种理论上的可能，现实中是不难预防和控制的。

陆梅：各位好！欢迎您来到《基因的故事》系列访谈中，今天我们的主题是转基因与环境保护。

首先给各位介绍来到今天演播室的三位专家，坐在我左侧的这位是彭于发老师，是来自中国农科院植物保护研究所的研究员，国家973计划农业转基因生物安全风险评价与控制基础研究项目首席科学家，全国政协委员，国家农业转基因生物安全委员会委员。

坐在我右边这一位是徐海根老师，徐老师是南京环境科学研究所研究员，生物多样性保护学科首席专家，自然保护与生物多样性研究室主任，国家环境保护生物安全重点实验室主任，国家农业转基因生物安全委员会委员。

第三位嘉宾是孙加强老师，中国农科院作物科学研究所研究员、国家农业转基因生物安全委员会委员。

今天的三位嘉宾清一色都是国家农业转基因生物安全委员会委员。之前我们探讨过转基因的食用安全话题，食用安全性之外，还有许多人也关心种植转基因作物是不是会对环境造成影响，甚至于很多支持转基因技术的人也会有这样的怀疑。你看转基因的作物可以抗虫、抗除草剂，这种特性会不会导致它有别于传统的作物，对于所处的环境造成一个迥异的影响？请三位专家先亮明自己的观点。

彭于发：我很高兴回答这个问题。农业上农药的应用、肥料的应用、农业灌溉用水等许多措施严格意义上都对生态环境有一定的影响。总体上看，转基因抗虫、抗除草剂作物，对环境的影响跟传统的作物没有本质的不同，都有正面的影响，也有负面的影响，究竟哪一种影响占主动，需要具体分析每一个作物品种。

主持人刚才提到的抗虫转基因作物，不是说有了转基因作物之后，作物才抗虫的，以前有许多的天然作物品种也有不同程度的抗虫性，它们自己有物理的、化学的或生物的抗虫机制，称为传统的抗虫品种。所以天然的、普通的农作物品种，对虫子也有一定的耐受度和抗性，只不过转基因抗虫品种对某些特定害虫的抗虫效果远高于普通品种，抗虫效果更加突出、更加优秀。

转基因抗虫棉依然还是棉花，转基因抗虫玉米依然还是玉米，撇开农药使用的情况，种植转基因品种和非转基因品种对生态环境的影响，基本上是差不多的。但全世界种植转基因作物20年的实践证明，转基因作物对生态环境的影响主要是正面的，也就是说，种植转基因作物，生态环境的效益远大于它可能产生的负面影响。究其原因，抗虫、抗除草剂的转基因作物对生态环境的主要影响分别是减少了化学农药的应用、有利于水土保持。如果未来中国能够大规模推广应用抗旱节水的转基因作物品种，我想它比传统品种对生态环境的影响也会更好。

孙加强：转基因抗虫技术并不是把所有的害虫都杀掉，例如转基因抗虫水稻和抗虫棉花，只是针对鳞翅目这一类的昆虫有作用。另外，就一种害虫来说，它并不是就靠一种植物维持生存的，即便这一块田地的作物是抗虫的，害虫也还有其他的食物源，不会直接造成生态链的断裂。所以大家不用担心转基因抗虫技术会对整个生物链造成太大的影响。

陆梅：如果以后都种转基因作物，这种影响会不会扩大？

孙加强：种植转基因作物的同时会有留一部分地种非转基因作物，也就是设置害虫避难所，规划种植的时候就已经考虑这个问题了。这一方面会减缓害虫产生抗性的进程，另一方面也让农田生态更容易保持平衡。

徐海根：从全球来看，转基因产业越来越发达，获得了很大的效益，包括降低害虫的危害，减少产量的损失；对于应用中可能产生的不利影响，我们会时刻关注、监测，这样就可以防范技术对环境产生危害，保护环境。

陆梅：与中国公众对于转基因最初担心的主要是食用安全问题不同，欧美公众对转基因最初的担忧主要是它对环境的影响，由此从欧美流传过来的关于转基因的说法，多数与环境有关，我挑了几条影响较大的说法，请三位嘉宾帮我们鉴定一下。第一条说，转基因玉米会灭绝帝王斑蝶；第二条，墨西哥的传统玉米基因已经完全被转基因玉米污染了，用了污染这个词；第三条说，种植过转基因作物的土地会寸草不生；最后一条，转基因技术会催生出超级杂草。

这些说法是事实吗？或者说，这种情形将来会不会真的发生？

彭于发：总体上看，这四条流传很广的都是谣言，都不是真实情况。但是也事出有因。

比方说转基因玉米会使帝王斑蝶的数量减少，这是1999年康奈尔大学的一位昆虫学教授发表的一篇文章所提到的。严格说，它也不是正式的论文，而是以读者来信这样的方式发表的。他是在田间采集了转基因抗虫玉米的花粉，然后把杂草的叶片放在花粉里面搅和后喂给帝王斑蝶的幼虫，发现帝王斑蝶幼仔的死亡率达到44%。

他的读者来信发表了之后引起了其他科学家的注意，后续研究发现他的实验是不科学的。目前的抗虫Bt蛋白，就是对鳞翅目昆虫有特异性的杀灭效果，帝王斑蝶也属于鳞翅目的一种，昆虫学家一听就知道Bt抗虫蛋白有可能会对帝王斑蝶有杀灭作用；但这并不等于在现实环境中就一定会发生。

后续的科学家批驳他的时候，说实验室的研究不符合实际田间情况，这个也是对的。但是我还要进一步说明，它根本就不属于严格意义上的科学研究。真正的害虫毒理学研究，首先应该了解转基因抗虫玉米的花粉落在田间杂草上的数量，比如每平方厘米有多少花粉，把这个作为实验室人工模拟实验的剂量。然后再做比它更高、更低的剂量，看看是不是剂量越大，害虫杀死的概率就越高，从剂量–效率关系做判断，一是抗虫蛋白对这种害虫的致死剂量是多少，二是田间的玉米花粉达到多高浓度的时候，就真有可能在自然条件下对蝴蝶幼虫产生杀灭作用，从而影响整个蝴蝶的种群数量。

不管怎样，这篇文章还是在美国、加拿大乃至全世界产生了影响，后来美国环保署和加拿大政府部门联合做了三年的田间试验研究，判断他这个试验的真实性，至少发表了5篇以上的科学论文，这5篇论文的结论是这样的：第一，这位美国科学家所做的室内实验不符合田间实际情况，他用的花粉粒的密度远大于田间100倍以上；第二，按照田间生态关系，玉米的花粉需要落到田间杂草马利筋叶片上，害虫吃这种杂草的叶片才能够接触到花粉，可是在美国、加拿大的田间，玉米花粉和帝王斑蝶成虫的产卵时间相差一个月，也就是说，孵化出幼虫之后，还要等一个月之后才有玉米花粉，两个时间错开，花粉接触不上幼虫，也就谈不上对幼虫有杀灭效果；第三，三年的调查证明，田间种植转基因抗虫玉米后，帝王斑蝶的数量不仅没有减少，反而还增加了，原因是什么？就是因为大规模种植抗虫品种之后，化学杀虫剂、农药的用量大大减少了，反倒保护了昆虫，保护了生物多样性。这就是田间的实际情况跟他粗放的、不严格的所谓实验室研究之间的巨大差距。

但是这样一个结果并没有为广大公众所熟悉，辟谣了很多次，这条谣言至今还流传甚广。

陆梅：大家只听到故事的前半部分，并没有看到事实真相，没有看到后面那5篇基于科学实验的论文。第二条，说墨西哥的传统玉米已经被转基因玉米污染了。

孙加强：这个最早来自《自然》杂志上发表的一篇论文。墨西哥是世界玉米的起源地，也是多样性中心，如果墨西哥玉米真的被转基因污染，可能是比较严重的问题。但是，这篇论文的结果也被论证是错误的，其中关键性的两个“证据”都被推翻，一个是从墨西哥地方玉米品种中测出来花椰菜花叶病毒的一段DNA序列——“35S启动子”，认定是转基因带进去的，后来发现属于假阳性；第二个是测出一个adh1基因，以为来自诺华公司的转基因抗虫玉米，其实那是墨西哥玉米本来就有的一个基因，它跟转基因玉米的基因序列是有差异的。所以说“墨西哥的玉米被转基因污染”，源于一个错误的“发现”。

陆梅：这也是一条谣言。咱们来看看第三个，种植过转基因作物的土地会寸草不生。

彭于发：这个还是我来说一下，等会儿把最耸人听闻的超级杂草留给徐博士解答，他是环保部专门进行生物多样性研究的，很适合解释这个。

这两个谣言对比起来看就很有意思，一个说种植转基因作物以后，土地会寸草不生；另一个说转基因作物的应用会产生超级杂草，两个谣言之间有矛盾。

我刚才说，这四个谣言有一定的出处，即事出有因。抗除草剂的转基因作物在施除草剂的生产季节，如果有寸草不生的情况下，那倒是有可能的，那只能说明这个除草剂的效果实在太好了。除草干净是农业梦想的一个终极目标，因为杂草跟作物是争田、争地、争肥、争水、争阳光的竞争关系。人类跟杂草斗争的过程中一直希望打倒杂草，现在有了除草剂这样一种武器和手段，能够不用人工、靠锄头汗流浃背地费劲锄草了，而是很轻松地把杂草杀灭，这对农民来讲是梦寐以求的好消息。

这还说的是普通的除草剂。现在有了转基因的耐除草剂作物以后，它的好处会更上一层楼。之前使用除草剂种植普通品种作物，会担心把草杀死的同时也会把作物杀死了，而现在，作物本身能耐除草剂，杀死的都是杂草，活下来的都是你需要的农作物。无论如何，除草剂应用的季节寸草不生是一个好消息。

当然了，任何一个物种想把它完全消灭，从理论上来讲是不太可能的，既做不到，也没有必要。停用除草剂之后，杂草还是会继续长出来，不会导致土地寸草不生。另外，如果是抗虫的、耐旱的转基因作物，就跟草没有关系。

一会儿徐博士会解释，不仅不会寸草不生，而且有些地方杂草还会慢慢对除草剂产生抗性，有可能还长得更旺盛了。

陆梅：徐老师给我们说说，到底会不会由于转基因作物催生超级杂草？

徐海根：如果有耐除草剂的基因从作物里面漂到杂草里面，杂草就会产生抗性，除草剂就对它没用了，就变成了所谓超级杂草。“超级杂草”这种称谓有点过度夸大耐除草剂的抗性，可能有些杂草会有一些抗性，但是我们对环境的管理是很严的，种植转基因作物的时候，有一套管理体系、监测体系，一旦发现一些杂草对除草剂出现抗性，我们会把它消灭。总体上，不太可能会产生超级杂草。

彭于发：我们三位在国家安委会里面，主要是负责转基因作物对生态环境影响的风险评价，也就是说，在批准种植转基因耐除草剂作物之前，事先就会作各种各样的风险评估。从杂草会对除草剂、农药产生抗性这个角度来讲，我们认为理论上一定会产生，只不过是迟早的问题、程度是否严重的问题。既然能够预见，就要提出监测和控制的策略。

首先，我们在应用过程中要对什么样的杂草可能出现抗性、是哪一个耐除草剂基因起了作用、它最先是什么时候产生抗性等因素要早发现、早监测。

其次，我们会及早提出预防性的治理策略。所谓预防性的治理策略，就是在杂草还没产生抗性的时候，想办法延缓、推迟它产生抗性。最有效的技术手段，就是用耐不同除草剂的基因品种轮换种植，多种除草剂交替使用。这样的情况下，即便某些地方真产生所谓的超级杂草，也能够有另外的除草剂杀死这些杂草。所以超级杂草只是一种理论上的可能，现实中是不难预防和控制的。

陆梅：从来没有一例被证实、被确定的转基因对环境产生负面影响的案例出现，是这样吗？

徐海根：刚才讲了，转基因技术可能会对环境有一些影响，我们要提前认识到并采取一些相应的措施，降低负面影响，或者是把负面影响降低到可接受的程度，这是我们的思路。

目前看来主要的影响是两个方面。一个是靶标生物对抗虫蛋白或除草剂产生耐性，比如转基因抗虫棉种了以后，有些地方发现了棉铃虫对它有了一些抗性，我们要针对这种情况采取抗性治理的措施。还有一个是对生物端的影响，随着作物的主要害虫被抑制，次要的害虫可能上升成为主要害虫。这个可能会有环境问题，我们也需要采取相应的措施，把影响降低到最小。

转基因带来环境效益

提要：

如果我们种植的作物高产了，说明投入的农业资源，包括水、肥料、农药以及劳动力等都被高效利用了，而不是被杂草吸收或者被昆虫吃掉，或者随着水土流失而造成浪费。

抗虫技术既保护了生态环境，又减少了食品中的农药残留，更明显的是，生物多样性，尤其是一些环境友好的、害虫的天敌，比如瓢虫、草蛉及其他各类昆虫都增加了，这样对生态环境来说是一个好的变化。

陆梅：刚才彭教授提到，目前转基因作物对于环境的影响，总体上是利大于弊的，其实是对环境产生了一些好处，能不能给我们具体举一些例子？

孙加强：我可以从农业资源利用的角度来说一下这个问题。农作物的高产实际上是作物对有限资源有效利用的一个体现，如果我们种植的作物高产了，说明投入的农业资源，包括水、肥料、农药以及劳动力等都被高效利用了，而不是被杂草吸收或者被昆虫吃掉，或者随着水土流失而造成浪费。抗除草剂技术可以实现免耕，这直接就减少了水土流失，在保护土壤肥分的同时减少了化肥对于水体的污染。

从这个角度看，抗除草剂的转基因和抗虫的转基因作物，可以减少对于农业资源包括农药的使用，间接提高农业的产量，也就是提高了农业的效率。

彭于发：我接触更多的是抗虫和抗除草剂的转基因作物，种植抗虫的转基因作物之后，对目标害虫的控制效果十分显著，比如抗虫棉对棉铃虫的防治效果，抗虫水稻对二化螟、三化螟的防治效果，抗虫玉米对玉米螟的防治效果，都是非常显著的。现在很多人都希望减少对农药和化肥的使用，而转基因作物恰恰能够帮助我们做到这一点，抗虫技术既保护了生态环境，又减少了食品中的农药残留，提高了食品安全、利于人体健康。

更明显的是，因为减少了化学农药的应用，生物多样性，尤其是一些环境友好的、害虫的天敌，比如瓢虫、草蛉及其他各类昆虫都增加了，这样对生态环境来说是一个好的变化。所以我们经常说，种植抗虫抗除草剂的转基因作物，对食品安全、对人体健康没有多大影响，而从生态环境的角度来看就不是没有多大影响，是很有影响，主要是好的影响。

陆梅：我这边有一个数据说，研究表明，迄今种植抗虫转基因作物使农药原药的使用量减少了超过5亿千克，相当于使农药对环境的危害下降了近20%。

彭于发：是的。当然，如徐博士所提到的，害虫可能会产生抗性，一些次要害虫地位会发生变化，变成主要害虫，以及田间的杂草可能会对除草剂产生一定的耐受性，增加除草的麻烦，这些现象也是客观存在的，也是生态环境风险评估中需要强调和重视的。

同时我们应该看到，这些负面影响不是转基因所独有的，传统品种中也会遇到这些现象，包括农药的应用也会产生这些现象。正因为事先已经有农药和传统的品种走在前面作为例子，我们知道会产生这些风险，对这些风险非常重视，在应用过程中，一方面要年复一年跟踪监测，随时发现这些不良现象，另外还会提出一些预防性的方案。在我们国家的生物安全科学研究上也重点加强了这方面研究，比如转基因专项，11个课题中，有三个大的课题是专门做环境影响监测的，监测的目的当然是要促进它的安全应用和确保环境安全。

徐海根：目前我们国家对转基因安全实行风险评价制度，开展转基因种植要进行申请审批，其中要经过中间实验、大田试验、环境释放等几个过程。在评价的过程中要充分考虑环境影响的程度，如果有明显的不利影响，我们会考虑不让它种植。一般批准种植的，都是环境负面影响极小的。并且科学家还考虑到一些特殊情况，比如小范围的种植试验不能完全反映问题、大规模种植以后可能会产生一些其他的影响，我们会通过产地监测，发现不利的影响会采取措施，将其减到最小的程度。

在环境方面，种植转基因作物最明显的正面影响，就是抗虫技术减少了农药的使用，会保护一些害虫的天敌，昆虫的多样性会提高。这方面有很多的文献，种植转基因和传统的使用农药的作物对比，农田生物多样性方面是有提高的。

基因漂移不可怕

提要：

基因漂移是生物进化中普遍存在的一种自然现象。不管是转基因还是传统作物，都会有基因漂移现象，这是物种遗传变异中的一个基本特点。

基因漂移本来就是进化的一种动力，从我们现在所掌握的材料来看，基因漂移总体上对基因的多样性不会产生什么影响，如果说要有影响，反倒是让基因的多样性更加丰富了。

但从生产和田间实际情况来讲，风险评估的一个重要责任就是防范基因漂移对生态环境和农业生产产生负面影响。

陆梅：刚才徐老师谈话中提到一个专业名词，叫作基因漂移，许多人担心转基因作物种植过程中会出现基因漂移现象。基因漂移到底是什么？这对于普通民众来讲可能不是很熟悉，它是不是像大家想象的那么恐怖？

孙加强：基因漂移又指基因漂流、基因流动，是指基因在种群之间的横向转移。如果我们对基因和转基因概念有了足够了解，就不会对这种现象恐惧了。其实基因漂移是自然界里普遍存在的，并不是转基因作物中独有的。我们秋天可以看到花粉随风飘散，也是基因漂移的一种方式。

彭于发：就跟孙博士说的一样，基因漂移是生物进化中普遍存在的一种自然现象。不管是转基因还是传统作物，都会有基因漂移现象，这是物种遗传变异中的一个基本特点。基因漂移对生态环境的影响也是既有正面的，也有负面的，要看具体转了什么样的基因。

我们可以举例看看发生基因漂移将产生什么影响。比如某地作物上的抗虫基因通过基因漂移转移到田间的某种杂草上面，让杂草也获得了这个抗虫基因。原来这种草不具备抗虫基因，虫子很容易吃它，这个杂草还能够很好地生长；现在有了这个抗虫基因之后，有许多害虫就不能对它造成危害，它应该会长得更好。从农作物跟杂草竞争的角度来讲，我们不认为这是一件好事；但是从生态角度讲，杂草也是一个物种，它也要有自己的生存空间，它现在能够更好地生存下去，并不一定是坏事。

另外一种漂移现象就是转基因作物上的抗虫基因和抗除草剂基因，会跑到野生稻、野生大豆的种质资源上，有些人担心那些资源最后会灭绝了。就像我刚才讲的，原来的野生稻没有抗虫基因的时候，它就在那儿自我繁衍；现在获得一个抗虫基因，理论上讲，一些原本能吃它的害虫现在不能吃它了，只会让这种资源保护得更好。

有些东西必须要通过实践证明，有些东西可以通过理论推测大体上作出判断。基因漂移本来就是进化的一种动力，一些人担心基因漂移有可能会使基因的多样性减少，从我们现在所掌握的材料来看，基因漂移总体上对基因的多样性不会产生什么影响，如果说要有影响，反倒是让基因的多样性更加丰富了。比如常规水稻中不含有抗虫和抗除草剂基因，现在通过转基因技术以后，它有了这些抗性，最后水稻的种子资源里就多了抗虫和抗除草剂基因，遗传多样性增加了，并且增加的还是有利的性状。

棉花品种也是这样，原来大家最担心的还不是基因漂移，担心的是，棉花本来有上万的基因，种植转基因抗虫棉后，最后是不是都成为那一个转了的基因了。事实当然不是这样的，在转基因的过程中，棉花只是增加了一两个外来的抗虫基因，然后跟综合农业性状最好的品种去做回交转育，产生新的品种，所以不是培育一个、两个品种，是培育大量的品种。现在安委会批准的就有200多个不同的抗虫棉品种，我想以后抗虫棉、抗除草剂棉、品质改良的棉花会更加多种多样，转基因的结果不是遗传谱系越来越窄，而是越来越丰富。

陆梅：明白了，基因漂移以前我们不熟悉、不了解，现在清楚了它是自然界中的普遍现象，传统的作物也会有。

徐海根：是自然界普遍的，但是种了转基因作物以后，有可能会产生我们不想要的基因漂移，比如抗除草剂的基因漂移到杂草里面，会让杂草产生抗性。所以我们在转基因作物审批的过程中就会注意这个问题，如果会产生不利的影响，我们不批准它上市。另外在种植的时候要做一些防范工作，比如有野生稻的地方，就不让种植转基因水稻，或者采取必要的隔离、控制措施。

陆梅：刚才彭教授说转基因作物反而会增加生物多样性，我刚刚听完心里有一个小小的担忧，担心转基因作物的种植会导致环境中出现一种独特的生物，由于没有天敌，从而出现不可控的情况。徐老师告诉我了，严格的监控会解决这个问题。

彭于发：两位都说得对，我刚才是从遗传资源和生物进化的角度来讲，那只是一个方面。但从生产和田间实际情况来讲，风险评估的一个重要责任就是防范基因漂移对生态环境和农业生产产生负面影响。在现实中，有三点是非常重要的。

第一点，在生产制种和种植过程中，要防止花粉的混杂，有两个方法，一个是种间隔离，也就是不同种类的作物岔开种植；另一个是物理隔离，也就是种植转基因作物的大田与自然环境要保持一定距离，这样可以保障野生环境中植物种子的质量。

第二点，转基因批准种植，应该跟野生稻、野生大豆等种质资源保护区隔开一定的距离，防范基因漂移对种质资源产生影响。

第三点，市场是分化的，有的农户种植转基因品种，有的农户种植非转基因品种，甚至有的农户和农场还专业种植有机产品。先不管他有没有科学道理，目前的有机农业是不提倡甚至禁止转基因品种的？所以，种植转基因作物的时候，就要跟有机农业隔开一定的距离，防止相互之间产生影响。

环境到底是变好了还是变坏了？

提要：

事前作风险评估和预测，事后还要跟踪监测，这是我们在生态监控环节当中的两条腿，它们是同样重要的。

目前我们对转基因立法，总体上是基于有罪推定，先假定转基因作物是可能对生态环境和人体健康产生影响的，然后逐步排除各种风险。

出现了抗性虫子，我们可以研究新的抗虫转基因品种，把具有不同抗虫基因的品种杂交以后，杂交种几乎能对所有具有抗性的虫子产生杀灭作用。

陆梅：那我又有一个疑问，既然转基因作物跟传统作物其实没有本质的区别，为什么在传统作物种植之前不会费这么大力气去做环境的风险评估、去做监测，而针对转基因就有这么多措施？

彭于发：我国转基因安全管理的法规最早出自国务院条例，《农业转基因生物安全管理条例》。条例的第一条，“为了防范转基因研究和应用对植物、动物、微生物、生态环境和人体健康产生的影响，特制定本条例”。第一条就是假定，如果不慎加管理，转基因作物就有可能产生负面影响。我们认为它安全，是基于两个前提。

第一，事先就转基因作物对生态环境和人体健康的潜在风险做严格评估，如果有不良影响的，就要拒绝，不允许种植；只有风险极小，至少跟常规品种同样安全，才能够批准。

第二，更进一步，这种评估还是基于过去的认知及现有的科学水平、从理论上推测它是不是存在风险，实际上没有更大尺度的时间和空间测试，有时很难下结论性的判断。生态上有这样的例子，小规模（几十亩、上百亩）、短时间（三五年）都看不出有什么不良的效果，但进入百万亩、千万亩的大规模种植阶段，并且种植的年限拉长到50年、100年，可能就有一些不良的生态反应显现出来。所以我们在理论上做了风险评估之后，还要在实践中继续跟踪监测。

事前做风险评估和预测，事后还要跟踪监测，这是我们在生态监控环节当中的两条腿，它们是同样重要的。

陆梅：能不能具体举几个例子，在转基因作物大规模种植之前，我们都会做哪些预测和评估工作?

彭于发：目前我们就转基因作物对生态环境的影响做评估、对转基因立法，总体上是基于有罪推定，先假定转基因作物是可能对生态环境和人体健康产生影响的，然后逐步排除各种风险，最后确定了已知的风险它都不会产生，或者风险极低，才认为它是安全的，是可以批准的。

我们说转基因的风险评估是个案分析，在环境方面的个案分析，主要结合目前最常用的抗虫、抗除草剂这两种性状，目前看来它的风险可能存在六个大的方面，我们就从这六个方面评估。

首先它是目标功能性状的有效性评估。包括抗虫作物到底能不能抗虫，抗除草剂作物到底抗不抗除草剂。对除草剂的耐受剂量，必须是在除草剂正常使用量的2倍、4倍、6倍甚至更高情况下，作物还能安然无恙，这才是高品质耐除草剂的象征。

其次是作物进入自然环境的生存竞争能力影响评估。这方面评估又包括两个具体方面，一是转基因作物会不会成为新的杂草（是否具有杂草性）；二是它会不会成为入侵的外来物种。

第三个方面，基因漂移对生态环境的影响评估。评估内容包括目标转基因作物能够跟哪些物种发生基因漂移，这些物种离你是远还是近，规模是大还是小；如果可能发生基因漂移，在生物、物理、气象等各种影响因素作用下，最后是否能够保证基因漂移频率处在一个比较低的、可控的范围；加上物理隔离、生物隔离等措施后，能否确保制种的安全、有机农业的安全和大规模生产情况下保护种质资源的安全。

第四个方面，对非靶标生物的影响评估。抗虫转基因作物，能够把作为靶标生物的害虫杀死，最后会不会对其他生物，包括对人产生影响？这个也需要评估。目前的抗虫基因都是高度专一的，它只是针对少数几个害虫有杀灭效果，对我们测试的非靶标生物，包括其他绝大多数的昆虫、害虫的天敌、生态上需要保护的重要物种都没有影响。

随着社会公众的关注越来越高，对这些非靶标对象的保护越来越受重视，我们测试的对象也越来越多。原来抗虫棉主要是考察棉田的瓢虫、草蛉、蜘蛛等非靶标生物是否会受影响，后来到转基因玉米、转基因水稻，因其主要是在南方种植，有可能对蜜蜂及其他传粉的昆虫造成影响，现在把一大批传粉昆虫作为了重要非靶标测试对象。最近几年中国科学家的研究发现，传粉的昆虫在粮食作物、蔬菜、水果上帮助传粉的意义远大于原来的想象。抗虫水稻的非靶标生物还包括水田中的水藻、水上的跳蚤，以及蚯蚓、泥鳅和各种鱼类。可以说，各种植物、动物都考虑到了。

第五个方面，刚才讲的次要害虫上升为主要害虫，我们把这叫作农田主要动物的种群结构变化和有害生物地位演进，这实际上是属于对生物多样性的影响，是一大类需要评估的内容。

最后还有一个需要评估的方面，就是最终必然会产生的，靶标生物的抗性问题。抗虫转基因作物种植之后，害虫迟早会对抗虫蛋白产生抗性；耐除草剂的转基因作物种植以后，杂草迟早会对除草剂产生抗性。

随着科学认知和科学技术的进步，环境安全评估的内容也在不断做调整，目前主要评价这六个方面，未来肯定还会增加。随着抗旱、肥料高效利用等性状的转基因作物被研发应用，我们就需要评估它对土壤肥力结构和水分的影响。之前主要用的Bt杀虫基因，Bt本身就是一种土壤菌类，它要对土壤的肥力和水分产生影响，上千年前、上亿年前早就有了，没有必要重新评估。抗除草剂的情况也与此类似。

陆梅：一个转基因作物品种大面积推广种植之前，对于环境影响的评估就有这么多专业科学家和专业机构参与，我觉得作为普通民众来说确实没必要再担忧了。我还有最后一个问题，如果真的产生了抗性杂草和抗性害虫，我们应该怎么办？

徐海根：我们会有监测系统，如果在野外发现，最简单的做法，就是把它及时铲除。

孙加强：即使真的出现了抗药性的虫子，我们也不必担心，我们可以研究新的抗虫转基因品种，这是科学家们正在做的事情。有许多科学家会做一项工作，就是人工筛选有抗性的虫子，目的就是为将来出现有抗性的虫子做准备。科学家发现，把具有不同抗虫基因的品种杂交以后，杂交种几乎能对所有的具有抗性的虫子产生杀灭作用。

彭于发：我们可以把眼光从抗虫、抗除草剂的转基因品种，稍微放大一点到整个农业上。最早化学农药出现对农业生产来讲是一个好消息，包括杀虫剂、除草剂，都是科技进步的标志，也一度对农业增产增收做出了重要的贡献。但是任何事物都不能故步自封，科学技术也要进步，人类农业跟病、虫、草害的斗争也是一个与时俱进、不断进步的过程。当化学农药被发现可能产生负面影响——包括害虫产生抗性这类情况，转基因技术可以是一种更先进的替代技术。

任何一个物种为了自己的繁衍生存，它会有遗传、变异，会不断变化。如同矛和盾的关系，人类发明了一种农药，人家虫和草就要发明一种相应的盾来对付这种农药，利用化学农药除草、杀虫几十年之后，这些害虫和杂草就会变得越来越难以对付。于是我们又有了转基因这样一种新的技术，有了更锋利的矛。可以肯定，随着转基因技术的普及和持续应用，将来害虫和杂草身上也会出现更结实的盾。不单是对一个转基因，对多个转基因，它们也要活下去。

为此，我们需要有对应的策略。以抗虫性状为例，我们一方面要采取高剂量的强力措施，比如让转基因的杀虫蛋白的量能够杀死敏感害虫的99.9%以上，一千个害虫个体只让你活下来一个甚至一个都不到，这样可以保证高效率杀灭，减少产生抗性的风险。另一方面，我们还会采取庇护措施，就是在种植转基因作物的旁边，同时种上一部分非转基因的同类农作物，给害虫留一条活路，让对抗虫蛋白敏感的害虫活下去几个，这样产生抗性的压力就会比较小。

其次，我们还有另一种预防性的措施。依靠单一手段不能把害虫杀死，就要用多种基因、多种手段交替使用。你不怕我的剑，我还可以用刀、可以用矛，等你对我的刀产生抗性的时候，我还可以掏出枪。这种多管齐下的方式能有效延缓害虫和杂草产生抗性，从而从根本上预防所谓的超级杂草和超级害虫。

陆梅：我相信今天现场的朋友跟我有一样的感受，在转基因这个话题上，很多不知真相的群众光去关注令人惊悚的、醒目的、刺耳的声音了，却没有办法接触事实的真相，因为他们平时没有机会接触各位专家和科学家们。所以，非常感谢三位专家参与我们的论坛，让我们能够有机会看到事实真相。

彭于发：我也很高兴接受这样的访谈。从过程和结果来看，我们的科学普及工作做得不够好。我们老是认为自己是科学家，去宣传这些东西有点王婆卖瓜的嫌疑。

之前我们老埋头在实验室，而少了跟大众的交流。我们应该跟大家一起分享科学知识和技术的进步，向公众详细解释我们是如何预测和防范技术的风险。我们要走出实验室，走进社会，跟更多的公众，跟这些未来转基因技术的受益者，一起面对面作一些交流。这样可以让我们实验室的科学研究能够有更深的社会基础，能够针对社会公众关注的问题去做更深入的研究。这对我们的科学研究或许也是一个推进。

陆梅：感谢三位嘉宾给我们讲述了这么多转基因背后的故事，同时也感谢三位专家在转基因技术的环境影响评估领域作出的努力。之前有人以转基因作物危害环境为由来反对转基因，今天听了三位嘉宾带给我们的信息和分析解读，我们得出了一个恰恰相反的结论。再次感谢三位的分享！

第八章
转基因的全球经贸格局

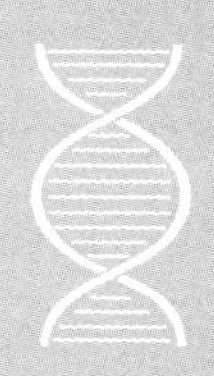

主持人：

陆梅
央视七套主持人

访谈嘉宾：

黄季焜
北京大学现代农业学院教授，
第三世界科学院院士

刘旭霞
华中农业大学文法学院教授，
中国农业经济法研究会理事

黄大昉
中国农科院生物技术所研究员

阿根廷农业的传奇

提要：

由于采用转基因技术，从上世纪90年代到现在，阿根廷农业产值增加了大概1460亿美元，其中大约66%收益为农民所得。

在阿根廷，对转基因的态度已经决定了政治家能否获得选民支持的一个非常重要的砝码。

多数人低估了转基因对社会的推动，没有看到社会的收益。由于转基因技术降低了生产成本，我们每一个人都从中得到了好处，发展转基因技术，实际上最大受益者是社会公众。

陆梅：各位好，欢迎来到《基因的故事》系列访谈，今天我们将跟大家一起聊一聊关于转基因全球贸易的话题。首先向各位介绍今天来到系列访谈中的三位重量级嘉宾。

第一位是来自华中农业大学文法学院刘旭霞教授。刘老师也是中国农业经济法研究会的理事。第二位是黄季焜老师，北大现代农业学院教授，第三世界科学院院士。

坐在我右侧的这位是我们熟悉的黄大昉老师，中国农科院生物技术所研究员，他是第二次做客我们的系列访谈。

我想先从一条微信帖子开始今天的话题，不知道在座的诸位是否看到过这条微信，微信的题目叫作《世界上第一个被转基因毁掉的国家已经出现——阿根廷，欲哭无泪》。让我瞬间想到了麦当娜的一首歌《欲哭无泪》。这个标题还配了一张让人毛骨悚然的照片，是一个人的侧面，但是他的鼻唇部却换成了一个鸟喙的图片。我想请问几位嘉宾，对于这个标题和帖子中的内容和配图有什么样的看法，这是真的吗？

黄大昉：说阿根廷毁于转基因农业，这是一个彻头彻尾的谣言。2016年7月份，阿根廷在驻华大使馆的农业参赞邀请了阿根廷生物产业部副部长，他们叫副国务秘书，专门在北京开了一个新闻发布会，跟媒体记者介绍了阿根廷现在的转基因作物种植情况。我们跟他说，中国有传言说阿根廷是第一个毁于转基因的国家，他觉得很可笑。

当时他介绍了很多数字。我记得有那么几个数字是很能说明问题的。阿根廷从上世纪90年代末开始种植转基因作物，到现在为止，它种植的转基因作物面积大概是2450万公顷——他们整个国家的作物面积是3000万公顷，也就是说，大部分都是转基因作物了。

另外，阿根廷的转基因作物种植面积在世界上一直排在前列，到现在他们是仅次于美国和巴西，排在第三位。据这位副部长介绍，由于采用转基因技术，从90年代到现在，他们整个的农业产值增加了大概1460亿美元。这是一个非常可观的数字。转基因农业还给他们增加了200多万的工作岗位，增加了他们的出口贸易。我们国家这几年扩大贸易进口，从阿根廷进口的主要就是转基因玉米和大豆。所以，实际情况完全不像谣言所讲的这么邪乎，甚至可以说是刚好相反。我觉得这是一个典型的妖魔化转基因的谣言。

黄季焜：我有另外一个数据。联合国粮农组织的数据也表明，种植转基因品种以后，阿根廷的大豆种植面积扩大了两倍以上，产量扩大了三倍以上。阿根廷的农业，最重要的就是转基因技术促进了它的发展，抗除草剂的大豆可以降低他们的人力成本，同时还促进了单产提高。转基因技术的发展，也促进了整个农业加工产业的发展，最终促进了这个国家的经济发展。

刘旭霞：我从法律角度补充一点。阿根廷是一个民主化国家，他们的政治家要想选举获胜，农民的选票是非常重要的，对转基因的态度已经决定了政治家能否获得选民支持的一个非常重要的砝码。

陆梅：支持转基因才可能获得更多选票?

刘旭霞：对。另外，阿根廷的出口，转基因的出口是它创汇的主要来源，我看到的数字，已经占到整个创汇比例的将近三分之一。

陆梅：这说明转基因在农户那边是受欢迎的。之前我担心，阿根廷的转基因作物增加了收益，会不会这部分收益全部留给了政府或者相关的公司，而农户的收益可能并没有增加，会有这种可能吗?

黄季焜：转基因技术发展，农户获得收益是最多的，同时社会也得到了收益，政府也得到了收益。

我们拿转基因大豆举一个例子。根据阿根廷大豆协会的研究，过去的20年里，转基因技术为这个国家创造了1270多亿美元的效益，在这1270多亿美元里面，农民得到的利益占到66%，800多亿美元。比重第二大的是税收，占到26%，大概300多亿美元。公众都以为研发企业和种子企业赚得多，其实他们的比例只有8%，大概100亿左右。

多数人还是低估了转基因对社会的推动，没有看到社会的收益。由于转基因抗虫棉的发展，我们现在穿的衣服成本下降，每一个人都得到了好处。研究表明，研发企业、种子公司占中国转基因棉花收益的比例是4%，最大受益者还是社会公众。

转基因的全球经济

提要：

中国2015年进口大豆占了世界大豆贸易总量的70%，实际上早已成为世界上第一大转基因产品进口国。

从1996年到2015年，大规模产业化的20年间，转基因种植面积增长了100多倍。这个增长速度是历史上任何农业科学技术都没有的。

陆梅：阿根廷不仅仅向国外出口优秀的球员，马拉多纳、梅西，还出口他们的转基因产品。刚才两位老师提到的，中国也会进口他们的转基因产品。在咱们印象当中，中国好像是全世界反转的中心之一，而事实上中国却在大量进口转基因产品，有没有相关的数字跟我们分享？

黄季焜：我们2015年进口了8100多万吨的转基因大豆，470万吨的转基因玉米，同时还进口了680万吨的玉米酒糟，也是转基因产品。再加上高粱、大麦等等，我们2015年一共进口了大约1.25亿吨粮食。我们为什么需要进口这么多农产品？以前常常说我们国家地大物博，实际上并不是这样，中国淡水资源总量只占全球的6%，耕地只占全球的7%，我们要用6%的水和7%的耕地养活将近20%的人口，资源其实是非常匮乏的。同时，我们的土地比较分散，许多耕地不容易实现集约化农业，很难促进农产品的增长。在这个局面下，要维持老百姓较高的生活水准，就要进口农产品，主要是大豆、玉米、棉花，在国际贸易上，这三大产品基本上是转基因产品。

如果我们不进口大豆、玉米、棉花，将意味着什么呢？拿2015年进口的将近8200万吨大豆来说，如果我们不进口而改为自己生产，就要增加26%的农业用水，这是不大可能的；另外我们还需要4.5亿亩的耕地，相当于现在耕地面积的22%，这更不可能。大家应该可以想象，我们把耕地拿出1%来搞建设，会创造多少就业、多少收入，1%的耕地如果拿出来搞房地产，我想房价马上会下来。而我们进口的这些大豆为国家节省了4.5亿亩的耕地。

刘旭霞：中国2015年进口大豆总量是8169万吨，占了世界大豆贸易总量的70%，占全世界大豆生产总量的30%。欧盟也是转基因产品的进口大户，2015年的数据，它进口的大豆是3000万吨，进口的玉米是700万吨。日本也是转基因产品的进口大国，它2015年进口的玉米是1500万吨，进口的大豆是300万吨。从总量上来看，中国实际上早已成为世界上第一大转基因产品进口国。

陆梅：黄老能不能就目前全世界转基因种植的情况给我们作一个介绍？

黄大昉：全世界目前有四大转基因作物，分别是大豆、玉米、棉花和油菜。这四大作物再加上其他的一些作物，一共大概有28种，全部种植面积超过1.8亿公顷。从1996年到2015年，大规模产业化的20年间，转基因种植面积增长了100多倍。这个增长速度是历史上任何农业科学技术都没有的。可以看出来，转基因作物在全球经济发展中有着重要的地位。

陆梅：据说有一张关于转基因作物种植的分布图？

黄大昉：这张图很有名，每年一张。它是从上世纪90年代开始，国际上有一个叫ISAAA的组织——农业生物技术信息服务组织，专门统计全球各个国家和地区转基因作物的种植状况，每年出一张图。现在，我们拿到的是2015年的图，它有几条曲线，分别介绍了发达国家和发展中国家种植转基因作物的情况。

从这张图上我们可以看到，美国、加拿大等发达国家先于发展中国家开发应用转基因作物，可是，发展中国家很快就赶了上来。到2011年左右，发展中国家的种植面积超过了发达国家。发展中国家种植面积最大的是巴西，还有刚才谈到的阿根廷，当然也包括中国。

在这张图上，现在批准种植转基因作物的国家是用绿色来展现的，黄色部分则是目前还没有正式批准转基因作物，但允许进口的国家和地区，现在至少有39个国家和地区，包括日本、俄罗斯、还有欧盟的很多国家，可以进口转基因产品，可以拿它作为工业原料、饲料以及食品加工原料。

这张图里面有一个非常重要的信息，就是种植面积的曲线是急剧上升的。我们知道，从上世纪90年代开始，国际上就有关于转基因的安全风险的争议，伴随着争议，转基因作物还是在快速发展，可见转基因作物对世界贸易和经济发展的贡献是不可阻挡的。

产业化与进口：二选二

提要：

进口这么多转基因大豆、玉米，一方面是因为土地资源的限制，另外一方面原因是需求的不断增长。

如果我们国家能够促进转基因技术商业化，我们的生产力和竞争力都会提高，也就会减少大豆和玉米的进口依赖。

陆梅：曾经有一度，中国在全世界转基因种植国家中可以排名第二，由于这几年我们没有跟上步伐和节奏，现在排名退到了世界第六位，这是什么原因？我们为什么会从一个转基因种植大国变成了进口大国？

黄季焜：刚才提到进口这么多转基因大豆、玉米，一方面是因为土地资源的限制，另外一方面原因是需求的不断增长。民众收入增长以后，必然引起农产品的需求增多，尤其是肉、蛋、奶的需求增多。大豆是最主要的蛋白质来源，进口大豆一方面是要满足饲料中蛋白质的需求增长，另外一方面是要满足食用油的需求增长。如果我们不大量进口大豆、玉米，我们的饲料价格将是非常高的，有些产品的生产很难可持续发展，畜产品进口会大量增多。到底是要进口大豆饲料还是直接进口畜产品，必须做出一个选择。

从另外一方面来讲，如果我们国家能够促进转基因技术商业化，尤其是促进转基因玉米的产业化、促进转基因大豆的产业化，我们的生产力和竞争力都会提高，也就会减少大豆和玉米的进口依赖。

陆梅：如果我们加快自主研发的转基因技术的产业步伐，它对我们的产业具体会有哪些利好的数字？

黄季焜：我给出几个数字。如果转基因玉米产业化，到2025年，可以帮助我们减少大概2500万吨的玉米进口压力，相当于把生产效率迅速提高4%到5%，一个技术能够在几年内产生这么大的效应，是非常了不起的。

转基因玉米商业化以后，对整个畜牧业产业发展是利好的，因为玉米更便宜了，产业更有比较优势。如果有更多的宣传，还可以让消费者知道他们也从中得到了好处。

有一个有意思的现象，我们去调查消费者对于转基因的接受度，有50%的消费者说我不买转基因的产品；但是我再问他，你买过大豆油吧，他说买过；你知道多数大豆油是转基因的吗？他说知道是转基因的。有时候老百姓是很感性的，嘴里说不接受，但是一发现这个产品价格很便宜，他也就买了。

黄大昉：我国现在玉米的种植面积已经超过水稻排在第一位了。美国的玉米种植面积大概是5.5亿亩，我们的玉米面积已经接近5.4亿亩，跟他们差不了多少。可是我们的玉米产量比美国少三分之一，为什么会出现这个情况？因为美国从上世纪90年代开始推广转基因技术，再结合杂交育种等常规技术，把玉米的单产从原先每亩地的400公斤提到了现在的600公斤，而我们现在的单产还是400公斤，比他们差三分之一，因为我们现在种的仍然是非转基因的。

现在我们已经研发出非常好的、成熟的转基因玉米品种，包括抗虫的、抗除草剂的，还有其他的一些性状。如果我们也用转基因技术，同时结合常规技术，是不是经过十几年时间，我们也可以赶上去？我觉得完全可以做到这一点。所以，进一步推进转基因玉米的产业化，我认为这是我们目前的当务之急。

关于玉米，我再补充几句。现在普通的非转基因玉米碰到两个问题，一个是虫害，国内大部分玉米产区，玉米螟都是首要害虫，造成的产量损失，在国内的十大病虫害里面排第一位。就像当年的棉花一样，很多地方因为玉米螟的危害，就不敢种玉米了，老百姓非要种抗虫玉米不可，可是现在还没有批准，有些地方已经发现有转基因玉米的违规种植。

还有一个更严重的问题，就是玉米的真菌毒素污染。普通玉米在储存和销售过程中，都很容易发生霉变。那是因为非转基因玉米受了虫害以后，蛀痕部位很容易被霉菌侵入，就会产生一些毒素，比如镰刀霉菌分泌的伏马毒素，还有大家熟悉的黄曲霉素等。如果我们买的玉米粉没有很好地把关质量，里面含有这些毒素，吃了对身体有毒害和致癌作用；动物吃了含有这些毒素的饲料也会受到影响。

很显然，发展转基因抗虫玉米对于我们国家农业的发展、经济的发展、生态环境的改善、粮食安全和食品安全的保障都有非常重要的意义。

刘旭霞：我们国家政府一直非常重视粮食安全。但是对于粮食安全的概念，我们的理解如果仅仅是限于植物类的产品，那未免过于狭隘了。世界粮农组织所谓的粮食是food的意思，粮食安全指的是食物安全，食物涵盖粮食作物和其他的食物产品。随着我们生活水平的提高，人们对肉、蛋、奶的需求增加，原来种植的粮食面积就不够了，因为粮肉的转化是有一定比例的，几斤玉米才能转化成一斤蛋或者一斤肉。

中国在需要大量饲料的同时，自己又不能提供，这种情况下，当然需要进口了。大豆和玉米是非常重要的饲料原料，大豆榨油后留下的豆粕是主要的饲料来源和蛋白质来源，玉米也是非常重要的饲料来源，所以中国进口大量的转基因大豆和玉米正常不过。

陆梅：咱们国家也在大量种植玉米和大豆，不过是非转基因的。选择进口什么、进口多少量是一种纯粹的商业行为吗？我想知道到底是由谁、怎样决定进口的？

刘旭霞：首先得确定我们能进口什么，不是任何一个转基因产品都能随随便便进入中国市场的。按照我们国家对于转基因产品进口管制的要求，目前已经形成了一整套的法律法规体系，包括《农业转基因生物安全管理条例》《农业转基因生物进口安全管理办法》，它们是进口管理转基因产品非常重要的法律依据。

目前，农业部是管理进口产品审批的主要部门。在整个进口领域，涉及两个非常重要的申请主体，一个是研发商，像孟山都、先正达是拥有转基因技术的企业，美国、加拿大、阿根廷、巴西、澳大利亚、印度，他们所种植的转基因作物的技术都是由这些跨国公司提供的，这些研发商在本国及其他国家生产的产品要进入中国市场，首先要向中国农业部申请安全评价证书，这个安全评价证书必须具备四个条件才能进口。

第一个条件是输出国或者地区已经允许作为商业用途，并且投放市场。

第二个条件，输出的国家或者地区已经通过安全实验，证明这个产品对人类、动植物、微生物和环境是无害的。

第三个条件，还要经过我们国家认定的农业转基因生物技术检验机构的检测，确定对人类、动物、植物、微生物和生态环境不存在风险。

第四个条件，还有相应的安全防范措施。

具备这四个条件，农业部才可以发放安全证书，才能够进口到中国来。

我刚才说到了阿根廷和巴西，他们作为转基因作物的种植国，必须先拿到研发商的安全证书，在此基础上再向中国申请安全证书，随后中国政府对他们再做审核。审核内容包括这个转基因产品的特性，它的生物用途，运输过程中的安全性（我们要防止它的活性材料释放到环境中），转基因生物的流向，以及它在市场过程中是不是采取了安全措施，还有转基因产品在产地国的批准情况，也就是说，如果在种植国没有批准种植，中国是不允许进口的。

中国为何要进口转基因产品？

提要：

如果不进口转基因产品，猪、牛、羊肉的价格都将大幅度上升；另外一种可能，就是被迫将畜产品进口放开，那么对国内的畜产品产业将产生很大的冲击。

随着转基因的发展，越来越多的收益会往消费者这个方面倾斜。但是消费者得到好处以后，常常并不知道，甚至还以为自己是受损者。

我们在讨论转基因技术要不要产业化的过程中，不能只考虑消费者的愿望，或者是只考虑社会舆论的影响，也应该去农民那里问一句，他们要不要这项技术、要不要这些品种。

陆梅：三位嘉宾能不能假设一下，如果现在没有进口转基因产品，那么我们的生产和生活会是什么样子？

黄季焜：如果不进口转基因产品，从生活上看，现在猪、牛、羊肉的价格都将大幅度上升；另外一种可能，就是被迫将畜产品进口放开，那么对国内的畜产品产业将产生很大的冲击。

刘旭霞：我们很清楚畜产品的生产大国都在欧美，我们如果不进口转基因农产品，而他们依然会大量生产或者进口转基因原料做饲料，那么很显然，他们肉、蛋、奶的产品价格要比中国低得多——实际上现在已经部分存在这种状况。中国政府曾经提过一句口号："猪粮安天下"，不仅仅是粮食价格会关系到社会的稳定，而且肉、蛋、奶，尤其是猪肉的价格也是国家非常关心的一个方面。

黄大昉：河南新乡一个农民企业家跟我说过一番话，他说农民比过去有钱了，生活好了，第一想到的是要盖房，第二是要买车，第三是要吃肉。现在房有了，车有了，就要多吃肉。这说明什么问题？说明老百姓生活水平的提高和肉、蛋、奶这些畜产品的生产是分不开的，城里人也是这样。

现在农民已经逐步实现小康，而且还要走向富裕，他们对畜产品的需求会随之增加，这个趋势现在才刚刚开始。与此同时，我们的供应和生产能力看来是有限的，要满足城市市民和广大农民的需求，我们一部分可以进口，更重要的是要提高农业的创新能力，提高产量，这里就要用到转基因技术，因为转基因的作用是非常明显的，它不仅可以提高我们的产量，还可以改善农产品的品质。这是大势所趋。

陆梅：三位觉得，目前转基因技术或者转基因产品或食品对你们的生活有什么切实的影响，你们有什么切身体会？

黄大昉：实际上刚才黄季焜教授已经谈到的，现在95%的棉花都是转基因的，这是我们第一个大宗的转基因产品。我穿的衣服、你穿的衣服，各种款式、各种型号都有，都还比较便宜，我们不会为穿衣服发愁，包括农民也不发愁。能做到这一点，跟转基因是有关系的。如果没有采用转基因技术，我们不可能有这么多、这么便宜的棉花产品，就要花大价钱从国外进口，不是现在这个样子了。

黄季焜：消费者除了从价格下降得到好处以外，更为重要的还有另外一方面，由于转基因技术发展以后，农药使用量明显下降，转基因抗虫棉这项技术使得农药使用量减少了60%，如果中国产业化转基因抗虫水稻，可以减少90%的农药使用。现在食品安全领域最大的问题之一就是农药使用过量，这对我们是确实存在的风险，减少农药使用量、降低农药残留的风险，对消费者来说无疑是一个好消息。

未来转基因的发展还会改善食物的品质，这方面的潜力是非常大的，之前的节目可能已经谈到过，目前国外已经有高油酸含量的大豆、防褐变的苹果、去除了丙烯酰胺的土豆等产品上市。

社会上的消费者大都以为，转基因技术发展以后，主要是研发、生产的企业获益，以及农民获益；实际上消费者也是有很大收益的，而且随着转基因的发展，越来越多的收益会往消费者这个方面倾斜。但是有一个很大的问题，消费者得到好处以后，他常常并不知道，甚至还以为自己是受损者。我们要让消费者知道，这个技术是双赢的，生产者获得好处，消费者也获得好处。

陆梅：我曾经在湖北农村做过转基因水稻的农民接受度的调研，农民都愿意接受抗除草剂、抗虫、抗病这样一些多性状的、复合性状的转基因水稻。甚至有的农民以为我们有这样的品种了，问我们可不可以第一时间把这个东西卖给他们。

为什么有这样的需求？刚才黄季焜老师的调研也说明了，转基因技术在减少农药使用上非常重要。研究三农问题的人都知道，现在农村种地的人被叫作386199部队，就是妇女、儿童、老人，这个群体已经难以胜任原先需要大规模投入劳力的生产方式了，减少农药使用、减少劳动力投入的高新技术正是农民的需求。

所以，我们在讨论转基因技术要不要产业化的过程中，不能只考虑消费者的愿望，或者是只考虑社会舆论的影响，也应该去农民那里问一句，他们要不要这项技术、要不要这些品种。

今天来到现场的还有一位专业人士，在转基因科学知识普及方面做出过重要贡献的王琴芳女士。我们请王琴芳老师来跟我们分享她的观点。

王琴芳：感谢主持人。刚才讨论非常好，我需要补充几点，一个是关于转基因产业化对消费者的好处，我们最容易直观感受到的是，转基因大豆油非常便宜。我去超市买油的时候，基本上都是买最便宜的转基因大豆油，这是全国的消费者都能享受到的转基因产业化对我们的红利。

第二点要补充的信息，英国的经济学家根据针对种植转基因作物的28个国家的144项社会调查报告，也包括国内黄季焜教授有关转基因棉花、水稻的报告的总结，从1996年到2015年，转基因作物商业化种植的19年间，产量平均增加22%，农民增收68%。而帮助农民增收是我们国家在农业方面的基本国策。

第三点信息对消费者可能比较重要，转基因作物的种植，让农药使用平均减少37%，这是非常可观的一个数字。

还有一个信息，阿根廷转基因作物的商业化对农民有好处，同时对中国的除草剂生产行业也有很大的好处。阿根廷种植抗除草剂转基因大豆，而中国是除草剂草甘膦最大的出口国，他们使用的除草剂40%以上是从中国出口过去的。

陆梅： 谢谢王琴芳老师的补充！非常感谢各位嘉宾给大家提供的翔实的数据。通过这一系列访谈，我们可以清楚转基因技术已经渗透到了各个领域，包括医药、工业、环保、育种，尤其是转基因的药品、食品已经影响到了几乎全人类，只是多数普通民众感知不到而已。但即使你感知不到也难以否认一个事实，我们每个人都是转基因技术和转基因产品受益者，在这样的一个时代里，非“转”不可。

现场观众：目前国内最大的一个问题，是产业化的迟滞，由于决策者被所谓的民意裹胁，我们的许多技术成果没办法走向市场，而是停留在实验室里。不知道嘉宾怎么看我们的产业化前景？

戴景瑞：有几位比我年纪还大的科学家，做转基因研究很有成果，都已经退休了，他们的成果依然被搁置。我也迫切希望赶快把转基因成果推广出去。

政治家的考虑和科学家的考虑，以及公众的考虑，角度会有很大不同，要不要推进产业化，由方方面面的因素决定。我作为研究者，希望赶快推广成果；但站在国家层面考虑，咱们现在食品不缺乏，温饱不成问题，玉米还积压了很多，生产更多的玉米，积压会更多。

国家领导人对于这个问题还是关心、重视的。我在转基因专项里是督导组负责人，每年都跟国家建议推进产业化，每年也跟刘延东副总理见面，但是我们慢慢理解了，为什么没有那么快产业化，这个问题要慢慢来解决。原来是提“稳重稳妥”，现在已经改为了“有计划，有步骤地安排产业化”，首先是非食用的作物，主要是棉花；然后是间接食用的，比如用作饲料的玉米；最后才是直接食用的，比如水稻。

方舟子：我们现在整个政策是大力研发，慎重推广，但我觉得还是太慎重了一些。过于慎重还是会打击研发人员的积极性，这是一项应用技术，做出来不让种的话就毫无意义。

现场观众：这次一百多个诺贝尔奖获得者签名，主要是针对黄金大米，有没有可能借这次机会，让黄金大米在中国早点儿上市？毕竟这关系到成千上万孩子的健康乃至于生命。

戴景瑞：据我了解，菲律宾有计划在近年大面积推广黄金大米。咱们中国目前还不大可能。也许这次公开签名活动对整个转基因事业的发展能有很大的帮助，这也是我们所期望的。

现场观众：现在很多人一提到转基因，就说是国外的一些利益集团在推动，或者说是美国的基因武器，这种谣言流传得非常广。

方舟子：人种在遗传学上没有意义，那是一个社会学的概念，人类在基因水平上其实都是差不多的。基因武器主要是针对人的基因，而且是针对某一类人的基因；但通过吃，你是针对不了基因的，退一步说，即使真的针对基因的话，因为大家的基因体系都一样，不可能研发出一个专门针对中国人的基因武器，灭绝中国人，而美国人好好的，这是做不到的。这是很可笑的一个谣言。

现场观众：我周边有很多朋友都在说，现在转基因咱们吃了看不出有什么影响，过了十几年，二十几年，影响就会显现出来。

方舟子：我们吃了转基因和非转基因同类食品，它的区别是，第一，多了一段基因。第二，多了这个基因生产的蛋白质。我们吃下去的基因是核酸大分子，是没法直接吸收的，要被消化掉；蛋白质也是被消化成氨基酸然后才能吸收。被消化掉之后产生的小分子跟非转基因食品不会有什么差别，你现在吃了没有问题，以后也不会有问题，它没有积蓄的效应。跟重金属不一样，重金属吃了以后可以在人体积蓄，过十几年再发作。

现场观众：我们有很多同事，他们喜欢到海外去买奶粉，据我了解，国外的优质奶牛吃的一种饲料是苜蓿草，不知道有没有苜蓿草是经过转基因改良的?

方舟子：美国批准的转基因作物当中就包括苜蓿草，至于种得多广、占多大比例，我没有这方面的数据。

另外，还有一种跟牛奶有关系的转基因的东西，那就是生长激素，养奶牛为了提高牛奶产量，一般都要注射生长激素，现在都是用基因工程方法生产激素，注射到牛身体里面，促进它的营养分泌。所以从国外进口的奶粉，都不可避免跟转基因有关系。

现场观众：之前听说，凡是为转基因发声的科学家，都是被利益集团收买的，这次有110个诺贝尔奖获得者联名发声，我有一个比较八卦的问题，到底有没有可能收买这么多著名的科学家？什么情况下才能收买他们？

方舟子：收买一个人是可能的，但收买这么多人是不可能的。而且110个诺贝尔奖获得者，虽然以生物学家为主，但是他们本身多数也不做转基因，对他们来说是没有利益关系的。他们为这个发声，纯粹是出于良心。之前老有人说谁谁谁被孟山都收买，孟山都在世界上的大公司排名中也只是两百左右，如果他能够收买那么多诺贝尔奖获得者，比他排名更强的什么都可以收买了。

现场观众：科学界有没有这样一个机制，一个科学家如果发现被收买的话，他的名誉会受到很大损失。

方舟子：当然有。即使发一篇论文，下面都要注明有没有利益关系，比如你做药品研究，有没有药厂的利益在里面、你是不是药厂的员工，都要说明。

王晨光：有一篇反对转基因的文章，就是因为违背了这一点，他接受了利益集团的资助，但是他没有注明，这篇文章就没有信用。

现场观众：怎么样能更有效地向身边人传递科学知识？举个例子，美国有一个生物学领域的科学家就反对转基因，我怎么能更有效地去说服身边的人？

方舟子：个别的科学家，甚至是生物学家反对转基因，并不奇怪，有的是出于认识问题，有的是出于个人利益问题，有的真可能是被反对转基因的利益集团收买了。我们要看的是科学界的主流、权威机构，以及权威的科学家主体。像这次签名的110名诺贝尔奖获得者，或者像联合国世界卫生组织、联合国粮农组织、美国科学院，这些权威机构都是支持转基因的。

现场观众：崔永元曾经到美国拍过一个视频，能否对此点评一下?

姜韬：基因农业网上有我们几个人点评他的内容，你们可以参考一下。那里面的观点和错误很多，可以作为一个反面教材，来让人看清楚用一般人的观点来否定专业科学家的结论将会起到怎样荒唐的一个效果。

这个视频用假语村言来否定科学家的结论，还弄出一个喂鸟的实验，用鸟来代替仪器去测定结果，不知道那只鸟怎么智商那么高，估计不是一般的鸟，用耗子药都药不着它吧。整个视频荒谬的地方太多，将来肯定是一个闹剧。我后来不太关注崔的文章了，一个重要原因，是我发现他的思维跟我们不一样。

人和人最大的区别是思维方式的问题。大部分王大妈还是聪明的，我们那儿的王大妈都积极地买转基因的大豆油，因为她就看这个有政府执行的标准，便宜划算，物美价廉，所以“隔壁王大妈”不能作为反转基因的代名词，而恰恰是你说的这位崔先生才可以作为反转基因的代名词。

现场观众：刚才我听到有一个特别亮眼的发明，就是生产人血白蛋白的水稻，让我们感到惊喜。不知道这种水稻距离产业化还有多远？我从刘银良教授讲述的知识产权角度理解这个问题，就有一个担心：我们可以在别人的转基因产品上做一些增强技术来获得专利，其他国家是不是也能从我们的人血白蛋白产品里面这样做？如果产业化迟迟得不到推进，是不是这项优势也会有一些风险？

黄大昉：转人血清白蛋白的水稻，是武汉大学杨代常教授团队做的。目前已经完成了环境释放实验，从对环境的影响、对动物的影响的安全性评价也有了一个非常明确的结果。

白蛋白有两个方面的用途。一个是代替血液制品，这个需要做临床实验，目前刚刚开始申请临床；另外一个用途，白蛋白还可以做很多生物制剂，比如现在要培养动物细胞，里面要加白蛋白，这方面的用途非常广，很多的生物学研究都需要加白蛋白。现在国外的状况是，作为生物研究制剂已经可以用了，从这个方面来讲，它已经产业化了，而且产品供不应求，国外很多的企业都来跟它订购。下一步就是继续深入，做完临床试验以后，看它能不能用在代替血液制品上。

并且，这项技术已经申请了几个国家的专利。

戴景瑞：人血清白蛋白在湖北有大规模的生产基地，国外市场都非常欢迎这个东西，已经广泛地推销，应该说，咱们已经赚了不少钱了。

刘银良：你如果产业化做得不好，别人确实可以利用你的技术做进一步深化。一项技术的应用，在科学研发阶段是不受专利影响的，在实验室里，中国的科学家可以随便用国外的专利，只要别产业化就行；产业化一定要推进的道理就在这里，你不前进，别人就可以在你的成果基础上继续往前走。

现场观众：咱们国家现在产业化推进的一个很大的阻力是政府相关部门的不作为，该推进的时候不推进，该给政策的时候不给政策，该积极辟谣的时候不积极辟谣。咱们国家科研人员花这么长时间的努力和心血做科研，科普人员顶着那么大的压力做科学传播工作，本来应该是最积极推进转基因产业化的农业部相关职能部门为什么反而成了一个短板、成了一个很重要的制约因素？

比如那条很有名的流言，农业部机关幼儿园不让自己的食堂用转基因油，流言传出后，我觉得农业部应该很高调地出来表个态，结果是一帮民间的科普人士在积极地澄清这个事儿，弄得公众很费解。现在转基因的产品要产业化，在安全证书发下来以后，还有一个品种审定环节，但是一直到今天，涉及转基因新品种审定的程序细则都没有出台。

农业部何艺兵处长：这是非常尖锐的一个问题，问得好。我们其实一直在做这方面的工作，国家制定了产业化路线，从“非食用”到“间接食用”到“直接食用”的步骤，我们期望在应用过程中逐渐让大家认识到转基因的好处，从而逐步推进它的产业化。国家也有计划，2016年出台的十三五规划中也可以看到，我们正在加大推进力度。

至于你刚才说的农业部辟谣的事情，我们办公厅主任为这个事情专门在访谈中回应过公众提问，大家可以在网上搜到；包括农业部部长、副部长在各个新闻发布会等场合都在说转基因方面的事情，期望为转基因创造一个良好的环境，共同推进这项事业。

现场观众：我的家长、同学、亲戚朋友们，他们对转基因的认识渠道是来自电视或者是网络，很多的电视台都会播一些广告，说什么“非转基因吃了放心”之类的，不知道三位嘉宾对这种现象怎么看待？

汪明：这种广告我们称之为阴性标识，以非转基因来做宣传的卖点，前几年还是挺多的，一些花生油也标注了“非转基因”。事实上我们从来就没有批准过转基因花生投入市场，市场上所有的花生都是非转基因的，这种情况下非转基因花生概念的推出，就是一种炒作，并且从某种意义上构成反向歧视，是一种不正当的竞争，属于违法行为。这种行为同时也违反了我们国家的标识管理制度。

现场观众：我一直做着转基因的科普工作，前段时间我们在公园里面做转基因科普的时候，有一位阿姨问了这样一个问题：我们不反对新技术的推广和实施，但是如同计算机技术，它也是一把双刃剑，给我们带来好处，但不能否认弊端的存在。我想从科普宣传的角度，是不是要解决他们“绝对安全”这样的需求？

王晨光：过分强调安全，尤其是“绝对安全”是不合适的，有些人认定转基因不安全，再告诉他安全就成了口水战。你可以告诉他为什么需要转基因，它克服的是这些作物以前的哪些缺点，要把实实在在的好处告诉他，包括目前抗虫的、抗除草剂的性状，都确实改变了非转基因作物所不能达到的目的，讲清楚道理，有一部分应该能接受。另外还要告诉他们没有绝对安全的东西，我们说清水够安全吧？但喝多了也不行。

姜韬：这个考虑的不是科学问题，考虑的是感情接受的问题，属于心理需求，心理需求就没有客观标准。只能告诉他们，转基因相对于非转基因食品，尤其是相对于天然食品是更安全的。

现场观众：我有两个问题。第一个，刚才说的基因漂移是一个普遍现象，但是它的频率和漂移的距离会随着转基因技术的使用而发生变化吗？

第二个问题，转基因作物转的是外缘基因，相对于内缘基因，它的稳定性如何？

彭于发：我推荐大家看看《水稻的基因漂移》这本专著，是2015年年底科学出版社出版的，这是中国科学家花了15年以上时间研究的结晶，它对水稻的基因漂移作了系统、深入的研究，对几十个水稻种质资源和地方栽培品种，以及抗虫抗除草剂的转基因水稻的品种，在基因漂移的频率、距离和影响因素等方面都作了系统研究，目前没有发现转基因品种和非转基因品种在基因漂移的频率、距离上有任何的差别。我想没有差别的主要原因，是目前转的抗虫、抗除草剂的基因本来就跟基因漂移的频率和距离无关，未来专门去转移一个对它的频率和距离有影响的基因，是有可能的。

目前水稻和玉米的花粉的平均寿命是5分钟，因为暴雨等原因，花粉会迅速破裂失活，如果你通过某种技术使得水稻、玉米的花粉在暴雨的情况下还不破裂，那它漂移的频率不会有变化，但距离就会远得多。

第二个问题，外来基因的稳定性。我负责关于生物多样性的973基础性研究，我们团队里有十来家单位专门研究抗虫抗除草剂基因从水稻上漂移到野生稻上会怎么样。

我们发现，第一，水稻有上万个基因，野生稻也有上万个基因。水稻和野生稻上有了外缘基因之后，通常情况下，杂交一代的性状是两者兼具的，比如，普通的野生稻通常是匍匐性的，当一个水稻的花粉跟它杂交（这就是基因漂移的效果），有一部分杂交稻就直立、不匍匐了，生物量也会提高一点，因为栽培稻的生物量比野生稻的生物量总体上会高一点。这是杂交一代。

杂交二代，又回到了野生稻的匍匐性。到了三代、五代的时候，外缘基因慢慢就找不到了。物种排斥外来基因这种天然反应在转基因作物里也是存在的，所以三五代之后，外来的基因就找不到了。

转基因水稻也是这样，外来的基因有不稳定的现象，慢慢自己就消亡了。这也是为什么杂交育种要有育种家在那儿不断地做，否则农民买了种子，种了几代就衰退了，专业人士的作用就是要让种子不断地保持这种优势。

现场观众：袁隆平老师的海水稻如果大面积种植，会不会有什么潜在的风险？

彭于发：如果是从生态环境影响角度来讲，多灌一升水少灌一升水，多施一斤肥少施一斤肥等等对生态环境都有影响，我们要评价的是风险多还是效益多。

现在耐盐作物主要是两种方式，第一种，它对盐分既不吸收，也不中毒，只是耐盐。种植这种作物，它的盐分虽然没有利用，可是在根、茎、叶、花、果里面会携带一定的盐分，如果将秸秆移走，土壤里面的盐分就会被转移；秸秆还田，则盐分就没有被移走，原来土壤中有多少盐分还是有多少盐分，没啥影响。

第二种情况，它能够吸收、利用盐分，种植这种作物，盐碱地的盐分会慢慢减少，慢慢就会变成普通的良田。这对农田来说无疑是好事。

我顺便说说另外一个问题吧，那就是肥料高效利用的转基因作物对于土壤营养结构的影响。种植普通作物，土壤中各种养分大体上是平衡的；如果某种作物对氮肥能高效吸收，长期种植的话，磷肥和钾肥是不是会不平衡？对此我们目前仅有一些小规模的实验研究，未来可能会更加重视这一块。

现场观众：张启发团队研发的转基因抗虫和抗病水稻作为主粮作物要得到商业化种植，在中国要等到什么时候？

彭于发：中国在立法上把转基因作为一种新技术，立法的原则就是有罪推定，只要涉及转基因技术，前提就是要先通过安全性评价。2009年，农业部通过了华中农业大学两个抗虫转基因水稻的材料的安全性评价，也就是科学上已经认为它是安全的，然后可以进入种子行业的管理阶段。至于它作为种子能不能生产种植、能不能推广应用，那不属于安全评价的范畴，而是属于《种子法》和种子管理部门管理。种子管理部门到目前为止对转基因水稻品种如何进行管理，还没有拿出一个章程来，当然就不能推广应用了。

但我个人的理解，这里面还是有一个紧迫性的问题。我们为什么每一次谈到转基因的时候，都会先回顾历史讲抗虫棉？就是当时存在这个紧迫性。棉铃虫曾经是棉花上的头等害虫，几十年来用化学农药，一直把棉铃虫控制得很好。后来人家虫子不干了，开始产生突变，对你的农药产生了抗性，以至于最后直接用原药把虫子泡在里面，虫子都不死了。这个时候没有新的技术，中国的棉花就种不成了，大面积绝产绝收，这时突然有了抗虫棉品种，而且效果非常好，肯定不推即广。我觉得现在的水稻、玉米还不到这种紧迫性。什么时候没有全新的品种、全新的技术，中国农民就不种水稻了，那时候我想政府就会加快推广。

现场观众：在中国，推广转基因作物最大的障碍是不是来源于民众的压力、舆论的压力？

黄大昉：现在一般的公众对转基因知识不太了解，过去我们宣传的也不太够，科普工作做得也不到位，大家有些误解很正常。特别是听到了一些谣言以后，公众会失掉判断能力，大家担心健康会不会受到影响，生态环境会不会受到影响。

最近这几年，我们的科普工作赶上来了，更多科研工作者参与了科学传播工作。通过专家介绍各方面的情况，我想大家对转基因会有一个比较全面的认识，知道它是安全的，并且可以创造巨大的经济价值，以后对转基因的接受程度我相信会大大提高。

另外，政府确实一直想推进转基因作物的发展，特别是在“十三五”的科技创新规划里边也明确提出要把转基因玉米、大豆推向产业化，有了明确的时间表。我相信在广大公众认识提高的基础上，再加上科技工作者的努力、企业的努力，我们这个目标是可以实现的。

现场观众：我硕士、博士、博士后都是在中国农业科学院生物技术研究所，对转基因作物的研发了解得相对深刻一些，我做了一些转基因的科普工作，和大众接触比较多。我总结普通民众对转基因的疑虑，可以从三个方面来分析，这三点决定了民众对转基因的态度转变不是短时间能完成的，估计还需要十年甚至更长时间吧。

第一点，一个新生事物，从出现到为大家所了解，都需要较长时间的一个过程，尤其转基因食品和每个人都息息相关，这是一个最基本点。

第二点，中国公众对政府的公信力已经有一定的质疑，当政府肯定某一事物，一般的民众反而会带着一种质疑的眼光去看。

第三点，改革开放40年，人们整体的生活水平提高了。但是，这种提高只是物质上的，精神上的还没有很好地匹配，大家的知识水平还不足以支持他去做出正确的判断和选择，以保障自己的权益，民众是比较缺乏安全感的。这种情况下，当社会上出现各种流言的时候，他们会宁可信其有，不可信其无。

这三个因素构成了大家对转基因食品有各种疑虑的社会基础，社会上的其他热点问题，比如PX项目，大家的疑虑都与这三点相关。由此，大家对转基因的认识提高，必然要经历较长的过程。

现场观众：转基因产业化之后，国内的转基因产品跟国外的相比，我们的优势究竟在哪里？发达国家的产品、更好的种子会不会冲击我们国内的市场，会不会打击国内科研工作者的转基因产品？

黄大昉：我先说说我们当年做抗虫棉的一些情况。上世纪90年代，因为棉花受到了棉铃虫危害的影响，国家制定了863计划，进行转基因棉花的研究。当时一些跨国公司瞧不起我们，认为中国没有人才、资金。我们一开始想转让他们的技术，他们不干，说我们不行，还是想直接给我们产品。在国内，我们也面临着很多人的冷眼，一些管理部门的官员也在犹豫。

可是中国的科学家只用了短短四年时间，就推出了有独立自主产权的转基因棉花；又用了不到五年时间，就在国内市场上占了优势。到了2000年，我们已经具有了冲击技术发展制高点的能力，不光棉花出来了，玉米、水稻的抗虫产品全都出来了。

我想通过这段历史的回顾说明，我们要有自信心。现在中国已经成为世界上为数不多的具有独立发展转基因产业链的一个国家，我们已经建成了比较完整的技术研发体系、技术创新体系。我们已经具有跟跨国公司抗衡的能力，目前需要的是通过实践进一步提高我们的产业化能力。

刘旭霞：我再补充一点。刚才这个同学的问题，实际上可以从两个方面思考。

第一个，我们的竞争力问题。关于这一点，如果用我们国家的种子公司和跨国公司竞争，我们是很弱的。目前除了棉花之外，其他的产品，大多数的公司看不到产业化的希望，也就不可能吸引私人往研发上投资，我们主要是国家在投，从2008年开始，设立了转基因重大专项，以百亿元的资金投入。这和跨国公司相比还是很少，不如别人一年的投资，但是成果已经很可观，据黄季焜老师和胡瑞法老师的研究，中国转基因水稻在世界范围内是处在绝对领先的地位，棉花、玉米和大豆处于相对领先的地位。研发方面已经做好了储备，一旦政策放开，我们就会把这些储存在科研院所和高等院校的技术转让给企业，由他们向市场推进。

第二个层面，按照现行的法律制度规定，进口需要进行安全评价和品种审定，外国的产品要进入，除了要获得中国的准入进口以外，也要获得中国的品种审定才可以推向市场，这是中国可以从法律制度上把握的。

黄季焜：补充两点。第一，任何一项技术，只要对我们有用的，都是好技术。

第二，农业生产是讲究因地制宜的，我们每个县都有很多品种，每个乡的生态环境都不一样，一个省每年都有两三百个品种在推广。从过去转基因生物技术在中国、在国外发展的经验来看，没有一个公司或者几个公司能够完全占有市场，到最后基本上是大家共享市场，谁做得更好，谁占的市场就更大。只要我们的产品能做好，市场能规范，我想国内的技术所占的份额还是非常大的。